U0570631

哲学家寄语青少年

现代审美意识

孙正聿 著

吉林人民出版社

图书在版编目（CIP）数据

现代审美意识 / 孙正聿著. -- 长春 : 吉林人民出
版社, 2012.4
　（哲学家寄语青少年）
　ISBN 978-7-206-08535-2

　Ⅰ.①现… Ⅱ.①孙… Ⅲ.①审美意识－青年读物②
审美意识－少年读物 Ⅳ.①B83-0

中国版本图书馆 CIP 数据核字(2012)第 048275 号

现代审美意识
XIANDAI SHENMEI YISHI

编　　著:孙正聿
责任编辑:张　娜　　　　　　封面设计:七　洱
吉林人民出版社出版 发行(长春市人民大街7548号　邮政编码:130022)
印　　刷:鸿鹄(唐山)印务有限公司
开　　本:670mm×950mm　　1/16
印　　张:10　　　　　　　字　　数:70千字
标准书号:ISNB 978-7-206-08535-2
版　　次:2012年7月第1版　　印　　次:2023年6月第3次印刷
定　　价:35.00元

目　　录

塑造一个现代的自我

人应尊敬他自己，并应自视能配得上最高尚的东西。

黑格尔

1. 从"人"谈起

在大学生辩论赛中，有过这样一个论题："人类最大的敌人就是人类自己。"

这论题真有点禅宗"当头棒喝"的味道，令人震惊而又发人深省，不能不让人反躬自问：人类最难认识的是什么？人类最难控制的是什么？人类最难战胜的是什么？给人类造成最大危害的是什么？人类面对的最大难题是什么？

经过认真思考，首先我们就会承认，人类最难认识的正是人类本身。

古希腊哲学有一句脍炙人口的名言——"认识你自己"。二十多个世纪过去了，人类创建了灿烂辉煌的人类文明，然而人类对自己的认识又是如何呢？在 20 世纪 50 年代，我国著名学者梁漱溟先生曾感慨万千地说："科学发达至于今日，既穷极原子、电子种种之幽眇，复能以腾游天际，且即攀登星月，其有所认识于物，从而控制利用乎物者，不可谓无术矣。顾大地之上人祸方亟，竟自无术以弭之。是盖：以言主宰乎物，似若能之；以言人之自主于行止进退之间，殆未能也。"①

古往今来，无数智慧的头脑在追问人的本质，探索人的本性，寻找人生的意义与价值；每个正常的普通人也总是以"像不像人""够不够人"乃至"是不是人"来反躬自问和评论他人。"不是人"，这大概是最刻薄的骂人语言。然而，究竟什么是"人"？

《辞海》和《词典》给"人"下的定义是："能制造工具并使用工具进行劳动的高等动物。"学过形式逻辑的人都知道，这是一个所谓"属加种差"的标准定义，即人"属"动物，与其他动物的"种差"则在于"能制造

① 梁漱溟：《人心与人生》，学林出版社 1984 年版，第 1 页。

工具并使用工具进行劳动"，因而是"高等动物"。显然，这个定义表述的是把"人类"与其他"动物"区别开来的"类特性"。在"类"的意义上，这个定义或许是无可非议的（迄今为止，似乎还没有更为恰当的关于"人类"的定义）。

然而，"人类"的特性是每个"类分子"所共有的，即使是那些仅仅"使用工具"而并不"制造工具"的"类分子"，以至那些"丧失劳动能力"或"不劳而获"的"类分子"，也不会因为不符合这个关于"人"的定义而被视作"非人"。人们扪心自问或指斥他人的"是不是人"的问题，似乎与关于"人类"的定义并无关系。"人"的问题另有深意。

"人"总得有"人性""人情""人格""人味"。"泯灭人性""没有人情""丧失人格""缺少人味"，这大概才是所说的"不是人"。然而，人究竟有哪些"性"（性质、特性）？人到底有哪些"情"（情欲、情感）？怎样品评人的"格"（做人的资格）？如何鉴别人的"味"（不是与禽兽为伍的感觉）？这大概已经是不大容易讲清楚的。

进一步说，人是"性本善"，还是"性本恶"，抑或"非善非恶"？人的"情欲"和"情感"该抑，该扬，或是任其自然？人的"品格"乃至"资格"是亘古不变的，因时而异的，还是"万变不离其宗"的？人区别于禽兽的"味"是逐步"进化"的，还是不断"异化"的，抑或是没有变化的？这大概更是众说纷纭了。

再进一步，每个人的"性""情""格""味"总是在与他人的关系中比较鉴别出来的，因而又提出"人群""人伦""人道""人权"的问题。然而，人究竟何以为"群"？人到底怎样成"伦"？人之"道"何在？人之"权"何义？这恐怕更是"见仁见智"了。

如果不是抽象地谈论人之"性""情""格""味"，而是具体地考虑到人的"历史性""民族性""时代性"等，"是不是人"的问题就会更加错综复杂、扑朔迷离了。

人类最难认识的是自己，因而人类最难控制的也是自己。

人类曾经是自然的奴隶。"征服自然""做大自然的主人"，一向是人类的理想和追求。近代以来，特别是20

世纪中叶以来，这种理想在某种程度上变成了现实。然而，准备"跨世纪"的人类却面对着空前严峻的"全球问题"：环境污染，生态失衡，人口爆炸，粮食短缺，资源枯竭，能源危机，毒品泛滥，南北分化加剧，地区战争不断，恐怖主义嚣张，享乐主义盛行……于是，"治理环境污染""保护生态平衡""与大自然交朋友"之声不绝于耳；"缉拿毒品走私""惩治恐怖主义"之举遍及全球。然而，这些呼唤与"举措"是否能够解决日趋严峻的"全球问题"呢？

1992年，我国著名社会学家费孝通先生曾在《读书》杂志发表《孔林片思》一文，认为"全球问题"是人类能否"共存共荣"的问题，其中"共存"是"生态"问题，"共荣"则是"心态"问题，共存不一定共荣，所以"心态研究必然会跟着生态研究提到我们的日程上来"。

"心态"问题似乎难于"生态"问题，这是因为，"生态"问题本身属于"形下"问题，其是非曲直、善恶美丑大体可以给出或"是"或"否"的回答。比如，环境污染是否必须治理，珍奇动植物是否应该保护，人类自身生产是否需要控制，核战争是否必须制止，人们从自身的生存与发展出发，总有一个判断的根据和评价的尺度，因而也就有控制自身行为的准则。然而，人们却并不因此就按照"应该"的行为准则去解决包括"生态"问题在内的全球问题。其中的重要根源，就在于"生态"问题并非仅仅是采取哪些行动去治理环境污染和保护生态平衡的问题，而是无孔不入地渗入了制约人类全部行为的"心态"问题。

"心态"问题之难，难在它是"人"的问题，是"人心"的问题。中国有句成语叫作"人心叵测"。这倒并非说人人各自"心怀鬼胎"。不过，人人总有"心照不宣"的"心想事成"甚至"痴心妄想"，因而总是难以"以心比心""推心置腹""心心相印"。那"心有灵犀一点通"所"通"的也往往是"心照不宣"的"各揣心腹事"。倘若人们以这种"心态"去对待"生态"问题，就会以局部利益牺牲整体利益，以暂时利益牺牲长远利益，甚至以一己私利牺牲人类利益。因此，"心态"问题之难，首先是难在它包含着遮蔽"良知"的利益冲突问题。

"心态"问题之难,又难在它不是"生态"的"形下"问题,而是牵涉着混沌"良知"的"形上"问题。所谓"形上"问题,总是人类实践、人类生活和人类历史中的"二律背反"的问题,因而使人感到困惑难解和深不可测。比如在知识界中热了又热的文化问题。人类的历史本是"文化"或"人化"的过程,即把"自然的世界"变成"属人的世界"的过程。而"文化"或"人化"就是"人为"即"伪"的过程,也就是愈来愈远离"自然状态"的过程。在这个过程中,既有马克思所说的人在"神圣形象"中的"自我异化",也有马克思所说的人在"非神圣形象"中的"自我异化"。盛行于当代的所谓"后现代主义",就把"科学技术""意识形态""主人话语""权力隐含""基础主义""中心主义"等统统指斥为当代人"自我异化"的"非神圣形象"。因此,当代人极力探讨"文化"的正负效应问题。可这"文化"的正、负效应又总是"剪不断,理还乱"。只从"负"效应去看,那就只好是什么也别做;只从"正"效应去看,那"负"效应又无可逃避地危及人的生存与发展。这正如一首歌里所说,人们总是"得不到想要的,

— 7 —

又推不掉不想要的"。然而，人们又总是费尽心机地去争"想要的"，千方百计地去推"不想要的"。人类最难控制的，莫过于人类自己的行为。

人类要控制自己，就要战胜自己。巴金先生曾经译过德国革命作家鲁多夫·洛克尔的一本书——《六人》。这部书为我们展现了人类心灵的搏斗和战胜自我的艰难。

在这部犹如"一曲伟大的交响乐"的著作中，洛克尔以其独到的思想和凝练的文笔"复活"了六个文学形象，这就是：歌德的诗剧中的"浮士德"，莫里哀的话剧中的"唐·璜"，莎士比亚的诗剧中的"哈姆雷特"，塞万提斯的小说中的"堂吉诃德"，霍夫曼笔下的"尚麦达尔都斯"，以及18世纪德国名诗《歌人的战争》中的歌者"冯·阿夫特尔丁根"。

在这六个文学形象中，对于中国读者来说，浮士德、哈姆雷特和堂吉诃德曾经使几代青年浮想联翩，激动不已。而在洛克尔的笔下，似乎是凝聚了人们的感慨、联想与沉思，并升华为对"人"和"人性"的反思。让我们先来读一读《六人》的"楔子"：

天灰暗。平沙无垠。

一个光黑的云母石大斯芬克司躺在棕色细沙上，她的眼光注视着荒凉的、没有尽头的远方。

这眼光里没有恨，也没有爱；她的眼睛是蒙眬的，好像给幽梦罩上了一道纱似的，她那冷傲的缄默的嘴唇微露笑容，微笑着带着永久的沉默。

六条路通到斯芬克司的像前，这六条路从遥远的地方来，引到同一个目的地。

每条路上都有一个流浪人在走着，每个人身上都笼罩着命运的残酷的诅咒，额头上都印着一种不是由他自己支配的力量，他大步走向在天际隐约显露着的遥远的世界，那种在空间上隔得极远而在心灵上相距甚近的广阔的世界。

大家知道，"斯芬克司"是希腊神话中狮身人面的怪兽，她坐在路旁岩石上拿谜语问过路人，不能解谜的人都被她杀死。那么，这"六条路"上的"流浪人"的结局如何呢？他们一个个"默默地倒下来，睡在这沙漠的细沙上面"。

博学的浮士德先生曾痴迷于探索"人智所产生的一切",寻求"智慧的终极目的"。然而,"在岁月默默流转的过程中",浮士德先生却陷入了无可解脱的困惑。"我们的全部知识并不帮助我们理解事物的终极意义。我们好像盲人似的永远在绕着圈子。我们向着一个遥远的目标走去,但我们总是回到同一个老地方来。"心灵的困倦引来了魔鬼撒旦。浮士德先生自以为"已经埋葬了的欲望"又从他的"灵魂的深处挣扎着出来了"。这些欲望"像烈火似的烧着",浮士德的灵魂"忍受着它们的那无数的苦刑"。极度的痛苦使他想到,"只要我的心渴求着理解而无法得到满足,我的灵魂受着欲望的折磨的时候,我还管什么死亡与复活、地狱、时间和永恒呢!这种未满足的冲动咬蚀我的心不是比地狱的痛苦还厉害吗?所以我认为与其整日整年在闭着的门前徘徊始终不能够看到谜底,还不如把这确实的痛苦永久担在自己的肩上"。于是,他说:"撒旦,我准备好了!只要能够看到'无穷'的奥妙,就是短短的一瞥也抵得上一切地狱的痛苦!"

　　杀父之仇使丹麦王子哈姆雷特陷入极度的痛苦，复仇的烈焰煎熬着他的灵魂。"他那精密的逻辑所苦心建造起来的巧妙思想的整个建筑，像一所纸牌搭成的房屋似的，碰到一个小孩吹一口气就完全倒塌了。他想起复仇，报偿，迅速的行动。"然而他刚刚抓住他的剑柄，却又重新陷入替他的软弱辩护的深思默想之中。他在心里对被杀害的父王说："你那个不幸用谋杀的手把你害死了的兄弟一生只犯了一桩杀人罪。可是你生我出来，你就把我谋杀了一千次了。你判定我忍受的长期痛苦倒比痛快地一下杀死坏得多。""你没有要求我替你报仇的权利；但你仍然有权暗算那个凶手，他受了夺取王权（改演你的角色）的野心的鼓动，卑鄙地把你暗害了。""这不过是人生喜剧中角色的调换！为什么要那一切的喧嚷，那一切认真的做作？对于我，人生是苦得不能忍受的。倘使我有了力量，我早就把这个戏结束了，可是知识减少了我的勇气。因此我不得不把这个滑稽戏演下去，一直演到别人的手来把幕放下为止。"这位痛苦的王子终于离开了宫堡，"一路上沉思着走遍了异邦，飘过了海洋，一直走到那最后的边境"。

被人们嘲笑和戏弄的"真的"堂吉诃德先生（鲁迅曾提出真、假堂吉诃德的问题），"梦变成了生存的意义和目的"。"他看每一样东西都是依照他自己的看法；他为他自己在他的想象中创造出一个世界来，这个世界跟他现在生活于其中的世界离得非常远，所以他一直不断地跟现实世界斗争"，"把精力消耗在疯狂中"。而那些嘲笑与戏弄堂吉诃德的人们，却认为"这世界里再也没有奇迹了。只有审慎思想的领域，那些审慎的思想早已忘却一切意外的惊奇，它们看这世界和一切的大小事件总是用一种循规蹈矩的看法，仿佛就把这一切当作穿工作衣的人一样，虽然衣服已经穿脏穿破，颜色也已被太阳晒白，可是它仍然不致扰乱世事的既定的步骤，它也不会在人们的心灵中引起关于未知、未解的事物的疑问"。于是，沉湎于梦境的堂吉诃德先生至死未能战胜他对梦境的痴迷，而嘲弄堂吉诃德先生的人们也从未战胜他们对超越现实的冷漠。

无法战胜自己的六个人都倒在斯芬克司面前的细沙上。而斯芬克司却总是用她那朦胧的目光和冷傲的微笑默默地望着远方，望着从远方赶来的人们。她似乎在嘲弄难以认识自己，控制自己和战胜自己的人类。

2. 对"自我实现"的思考

古希腊神话中的斯芬克司的千古之谜，表征着人类求解"人性"之谜的渴望与困惑。这种渴望与困惑激励着人类不倦地"认识自己"；在"认识自己"的路途上却又不断地出现新的渴望与困惑。

时下，"自我实现"或"实现自我"，几乎和"打的""Call我""款""腕""炒""拜"一样，成了流行的时髦话语。然而，透过这走俏的时髦话语，人们所看到的，人们所得到的，却常常是"自我实现"的反面——自我的失落或失落的自我。

先说"追星"吧，不知从何时起，"英雄主义时代隐退"，科学巨匠、思想伟人、艺术大师都在"星"的夺目光芒下黯然失色了。各种各样的、变幻莫测的"星"们——诸如歌星、影星、球星、笑星乃至文化明星——替代了人们心目中的英雄而成了不是英雄的"英雄"。铺天盖地的广告中，"一笑千金"的"星"的倩影比比皆是；人群熙攘的马路上，"星"的发式、服饰几乎是一夜走红。马路书摊上摆的是"星",电影电视上演的是"星",街头巷尾议的是"星",少男少女侃的是"星"。"星"变成了"自我""自我"幻化为"星"。这究竟是"自我的实现",还是"自我的失落"呢？

再说,"跟着感觉走"。追"星",从"时间性"和"普及性"看,恐怕莫过于追"歌星"了。《跟着感觉走》《潇洒走一回》,从歌厅舞厅到大街小巷,从沿海特区到黄土高坡,转瞬间就喊遍了九百六十万平方公里。这后浪推着前浪的两首歌,其间似乎还存在着一种微妙的"逻辑"。这就是:要想"潇洒走一回",就得"跟着感觉走";只有"跟着感觉走",方能"潇洒走一回"。于是乎,"找到感觉没有",便成了互相提醒的时髦话语。

"找感觉",这话乍听起来,确实有些奇怪。眼、耳、鼻、舌、身、视、听、嗅、尝、触,这大概是人皆有之的"感官"和"感觉"。既然是人皆有之（残疾者除外）,似乎就不必特别地去"寻找",当然也无须谁来特别地"提醒"。如果这"感官"和"感觉"需要特别地"寻找"和"提醒",恐怕就要对之刮目相看乃至仔细琢磨了。

一般说来，"提醒"自己和他人"寻找"的"感觉"，大概不能是"痛苦的感觉"，而是"幸福的感觉"。因此，"找到感觉"与否，便该是"特指"是否找到了未必人皆有之的"幸福的感觉"，而不会是"泛指"无须"寻找"和"提醒"的"感觉"本身。如此想来，这"找感觉"不能不说是一种巨大的历史进步——人们不仅有了追求幸福的渴望与权利，而且有了追求幸福的条件与行动。

然而，在肯定这种追求现实幸福的渴望与权利，条件与行动的同时，人们不能不再深思一下：究竟何谓"幸福的感觉"？吃饭喝酒靠三觉（视觉、嗅觉和味觉），观赏模特靠视觉，轻歌低语靠听觉，与舞伴相拥靠触觉，五官感觉统统地刺激起来，灵敏起来，愉悦起来，就是"幸福的感觉"吗？如此这般的"感觉"，比较贴切的称谓，似乎应该是"感觉的幸福"，而不是"幸福的感觉"。

据说，在"现代社交"中，谈生意，办事情，拉关系，要效益，"基础性"和"前提性"的社交方式（或曰手段），便是有求于人者为被求者寻找"感觉的幸福"。请吃请喝垫垫底，于是饭店酒楼生意红火；唱歌跳舞消消神，于是歌厅舞厅日见其多……在灯红酒绿、轻歌曼舞、桑拿按摩，求人者与被求者，一起进入了"感觉的幸福"。

不过，单有这"感觉的幸福"，总是难免"过眼烟云"。因为，"感觉"这东西必得依赖于感觉"对象"的存在，撤掉了感觉的"对象"，感觉的"幸福"也就消失了。随着"感觉的幸福"的消失，那实现了的"自我"也就失落了。因此，真正的自我实现，恐怕不是"感觉的幸福"，而是"幸福的感觉"。

"幸福的感觉"，当然与"感觉的幸福"不无联系，但主要的并不是感官的刺激，而是心灵的体验。这是渗透着"理性"和"文化"的"感觉"。体验到真诚而不是虚伪，体验到信任而不是防范，体验到友谊而不是交际，体验到爱情而不是做作，这才会有"幸福的感觉"。按照人本主义心理学家马斯洛的说法，从生存的需要到安全的需要，从归属的需要到尊重的需要，从审美的需要到自我实现的需要，人的需要不仅是多层次的，而且是不断升华的。这里似乎就有一个从"感觉的幸福"到

"幸福的感觉"的上升。在现代社会生活中，多找一找"幸福的感觉"，少刺激一些"感觉的幸福"，于国于民，于人于己，恐怕都是一大幸事。

按照时下通行的话语方式，"找感觉"似乎还有一层颇为神秘的含义，这就是寻找一种类似于"灵感爆发""直觉顿悟""可意会而不可言传"的"第六感"。然而，许多人所寻找的这"第六感"，既不是科学发现中的直觉，也不是艺术创作中的灵感，而是多与极为流行的"炒"字相关——"炒地产""炒股票""炒劳力""炒证书""炒文凭"，如此等等，不一而足。此类行当，诚如股市评论员所言，"风云莫测"。缺少神秘的"第六感"，实难稳操胜券。"找感觉"之盛行，也算是"毫得合时"了。然而，在这"普及化"的"找感觉"中，人们是"实现"了自我还是"失落"了自我？这的确是值得深思的。

最后说说"潇洒走一回"。

在准备"跨世纪"的时候，也许人们不会忘记1976年金秋的"八亿人民举金杯"，也不会忘记20世纪80年代初的"年轻的朋友来相会"。然而，在不知不觉中，这欢快、舒畅、昂扬的曲调，却被"一无所有""我不知道"蒙上了一层困惑与惆怅，似乎"天上的太阳"和"水中的月亮""山上的大树"和"山下的小树"真的难以分辨了。于是，"跟着感觉走"便应运而生，流行开来，似乎"理性"成了生活的羁绊和桎梏，唯有"感觉"才能引导人们"潇洒走一回"。面对现实，在这风靡全国的"走一回"的呼喊声中，我们是否应该理性地思考一下如何才能"潇洒"呢？

改革开放为每个中国人施展才智、追求幸福带来了前所未有的机遇，市场经济为中华民族的振兴展现了辉煌的前景。人们脱下了灰、黄、黑的制服，换上了色彩鲜艳的时装；人们告别了低矮破旧的小屋，搬进了宽敞明亮的楼房；人们摆脱了"顽固不化"的咸菜窝头，吃上了大米白面、鸡鸭鱼肉；人们甚至不再稀罕"凤凰""永久""飞鸽"，坐上了"嘉陵""木兰""奥迪"。中国人真是从未有过地"潇洒"起来了。

然而，人们又常常感到"别有一番滋味在心头"。这另一番"滋味"，有对以权谋私、贪污受贿而"潇洒"起来的腐败现象的痛恨；有对滥拿"回扣"、贩卖假货而

"潇洒"起来的社会现象的忧虑；有对以灯红酒绿、挥霍无度为"潇洒"的社会心态的困惑；有对平步青云的"款""腕"们的"潇洒"的眩晕；当然也免不了对自己的未能"潇洒"起来的迷茫。这痛恨与忧虑、困惑与眩晕，再加之迷茫混合在一起，于是乎真的感到天上的太阳与水中的月亮明暗难分，山上的大树与山下的小树大小难辨，似乎真的只有"跟着感觉走"了。

认真品品这番"滋味"，仔细想想人生"意义"，人们也许又会体悟到许多"潇洒"者们未必真的潇洒，因为总是感到在这"潇洒"的背后失落了什么。如果仅仅是灯红酒绿、挥霍无度地"走一回"，岂不成了《济公传》里唱的"酒肉穿肠过"，又如何称得上"潇洒"呢？在拜金主义、享乐主义的浪头中不是失落了理想、信念和真正的自我吗？

真正的潇洒只能是真正的自我实现——知识层次的提高、社会责任的增强、精神境界的升华、理想信念的追求和事业的成功。如果一个人失去对理想的追求、对社会的责任、对事业的期待，仅仅把金钱和挥霍视为人生的目的，甚至为金钱与挥霍而不惜道德沦丧，违法乱纪，又谈何"自我实现"与"潇洒"呢？

自我实现，总要首先认同自我的事业与责任，因为每个人所从事的事业和所承担的责任，才是最现实的对象化的自我。在翻看影集的时候，只要人们留心地对比一下，就会不无惊讶地发现，每个人最漂亮的照片，既不是呼三喊六的狂喝乱饮，也不是打情骂俏的忸怩作态，甚至也不是舒心畅意的开怀大笑，而是他全神贯注的工作照。在思索人生的时候，只要人们真实地体会一下，又会感触颇深地发现，每个人最愉悦的时刻，既不是得到一笔意外之财，也不是混上一顿酒足饭饱，甚至也不是别人羡嫉的目光，而是事业的成功。事业是"潇洒"的航船，责任是"潇洒"的风帆。失去了事业心与责任感，那"潇洒"的背后总是隐藏着渺小与空虚。

"自我实现"总要实现自我的充实与升华。时下有两句时髦话儿，一句叫"别活得太累"，另一句叫"欣赏自己"。要想事业有成，要想承担责任，恐怕总要活得"累"一些。如果既要不累，又要欣赏自己，那到底欣赏什么呢？酒桌上有人请吃饭？牌桌上有人替付钱？马路上有人给"打的"？舞厅里有人找舞伴？这样的"潇

洒"，怎么能不让人看到其反面——自我的失落呢？潇
洒，不是外在的装腔作势，而首先是一种内在的充实与
崇高。记得有一首叫作《现代小姐》的歌，那里面说，
"你不用涂红又抹绿，只要你不断充实自己，人人都会喜
欢你"。这样的道理，似乎每个人都应该懂得。

3. 现代人与现代教养

"现代化，首先是人的现代化"；"现代化，最重要的
是人的现代化"。这些本来是振聋发聩的话语，似乎已经
是不言而喻，无须多论了。然而，放开何谓"现代化"
不议，仅就人而言，人为何要现代化，人如何现代化，
人的现代化的标志是什么？这就很值得琢磨了。

我们先来看一段对话。

这是在 1994 年的一部电视专题片中，记者采访一位
16 岁的放羊少年的对话。

"你为啥放羊？"

"赚钱。"

"赚钱干啥？"

"娶媳妇。"

"娶媳妇为啥?"

"生娃娃。"

"生娃娃做啥?"

"放羊。"

读完这段对话,也许有人会感到有趣,觉得可笑;也许有人会感到震惊,觉得可悲;但更多的"有识之士",也许会联想到"人与教育""教育与现代化"这些话题。

确实,这段对话不能不使我们重新返回到"人"的问题。试想一下,如果这段对话不是发生在人类准备"跨世纪"的 1994 年,而是发生在 19 世纪末的 1894 年,甚至是一千年前的 994 年,又有谁会感到时间上的"错位"呢?换个说法,如果这位放羊少年不是生活在 19 世纪的 90 年代,而是生活在 20 世纪的 90 年代,甚至是一千年前的 90 年代,又有谁会感到这不是同一个少年呢?

如此想来,恐怕就很难用"现代人"来称呼这位放羊少年。生活在 20 世纪末,却又难以称作"现代人",

这究竟意味着什么？这意味着，"人"不是单纯的生物性的存在，因而也不能单纯地用生物性来解释人的存在。我们通常所说的"原始人""古代人""近代人"和"现代人"，并不是单纯的"自然时间"概念，而是一种"历史时间"概念。"历史时间"是以人的生存状态为标志的。

人的生存状态是以特定的历史文化为内容的。它包括人与自然、人与社会、人与他人、人与自我的历史性的相互关系；它包括人的具有时代性特征的思维方式、价值观念、审美意识和生活方式；它包括人的具有时代性特征的关于自身的处境、理想、选择和焦虑的自我意识。每个人只有与自己时代的历史文化相统一，他才能生活于自己时代的生存状态之中，他才是该时代的人。"人"不是抽象的、超历史的、生物式的存在，而是具体的、历史的、社会性的存在。"是不是人"，从根本上说，首先在于他（她）是否生活于该时代的生存状态之中，就此而言，如果我们说那个以"放羊""赚钱""娶媳妇""生娃娃""放羊"为全部生活内容的少年不是"现代人"，也就等于说，那个少年不是"人"。

对于这样的结论，也许有人会提出抗议：这不是对那位少年（以及众多的类似的人们）的侮辱吗？对于这种抗议，我们想提出反问：有谁认为那位少年的生存状态是"现代人"的生存状态？生活在现代而又不是现代人的生存状态，能否说是"人"的生存状态？现代社会的全部努力（物质文明和精神文明建设），其根本目的不就是使每个人都生活于现代生存状态之中，也就是使人成为"人"吗？如果把那位少年的生存状态视作无可非议的"人"的生存状态，还谈什么"社会的现代化"与"人的现代化"？我们认为，把人的现代化视为现代化的根本，并切实地去实现人的现代化，就必须从"人"与"现代"的统一去理解"人"。

"人"与"现代"的统一，最根本的途径与方式，莫过于普及和升华现代教育。

教育，是一种历史文化的传递活动，执行着社会遗传的特殊功能。人之为人，不仅在于生物学意义上的遗传性的获得，而且更在于社会学意义上的获得性的遗传。每个时代都以教育的方式使个人掌握前人的经验、常识及各种特殊的知识与技能；以教育的方式使个人掌握该时代的价值观念、道德规范和各种行为准则；以教育的方式使个体丰富自己的情感、陶冶自己的情趣和开发自己的潜能；以教育的方式使个人树立人生的信念与理想，形成健全的人格。教育是个体向历史、社会和时代认同的基础，又是历史、社会和时代对个体认可的前提。教育是个体占有历史文化与历史文化占有个体的中介。

教育，又是一种历史文化的创生活动，执行着社会发展的特殊功能。教育是形成未来的最重要因素。它激发个体的求知欲望，拓宽个体的生活视野，撞击个体的理论思维，催化个体的生命体验，升华个体的人生境界。教育不仅仅是历史文化的传递活动，也是历史文化的批判活动。它赋予个体以批判地反思文化遗产和创造地想象未来的能力。它激励个体变革既定的世界图景、思维方式、价值观念和审美意识，从而创建人的新的生存状态。

教育是综合性的，是集德、智、体、美、劳为一体的，是集传递历史文化和创建未来文化为一体的。把教育的功能归结为一点，就是把"毛坯状态"的人变成"自我实现"的人，把"自然状态"的人变成"特定时代"的人。国外的一项测试报告，曾给出这样的基本数据：在受教育很低的人中，具有现代性特质的人的平均比例是 13%；而在受教育程度较高的人中，具有现代性特质的人的比例占 49%。

在现实生活中，我们无法否认这样的现实：未曾受过必要教育的人，由于缺少文化认同的基本条件，因而难以融入时代文化的主流，也就难以成为一个正常的社会公民，难以自觉地承担起公民的权利与义务；未曾受过必要教育的人，由于缺少对历史文化和社会现实的审视、批判能力，因而难以成为未来文化的创造力量，反而容易成为对任何文化都构成威胁的破坏力量。一位心理学家说："一个人，只有在适当的年龄受到适当的教育，他才是人。"如果不是钻牛角尖，谁都会从这句话中感受到应有的震动，并汲取到应有的启示。

毫无疑问，教育并不是万能的。从形式逻辑上说，教育只是使人成为人的"必要"条件，而不是使人成为人的"充分"条件。尤其值得人们反思的是，由于对教育的种种误解与误导，教育还没有充分地发挥它的根本功能——使人成为"人"。

对教育的最大误解，莫过于把教育当作培养"某种人"的手段。这里所说的"某种人"，是指从事某种特定职业、具有某种特定身份、扮演某种特定角色的人。为了培养"某种人"，当然就需要"教育"——传授经验、知识与技能。然而，仅仅从培养"某种人"去理解"教育"，却会把教育等同于"职业教育"甚至是"职业技能教育"，以致用"短训班""轮训班"的方式去实施"教育"，从而模糊甚至是丢弃了教育培养"人"的根本目标和根本功能。

教育的根本目标是培养全面发展的人，需要全面地培养人的德性、智能、情感、意志、理想、信念和情操。教育具有崇高的人文理想和深刻的人文内涵。从现代教育说，其具体内涵，就是使人成为具有"现代教养"的"现代人"。

教养，是指人的综合素质与能力。它包括如何观察、判断和理解事物的思维方式，如何评价、选择和取舍事物的价值观念，如何看待、鉴赏和仿效事物的审美情趣等等。它表现为人的自尊与自律、信念与追求、德性与才智、品格与品位等。

　　现代教养，就是指现代人的综合素质与能力。它包括现代的思维方式及其所建构的现代世界图景，现代的价值观念及其所规范的现代行为方式，现代的审美意识及其所陶铸的现代生活旨趣。它表现为现代的求真意识、理论意识、创新意识、批判意识、效率意识和辩证意识；它表现为现代的自尊意识、自律意识、自强态度和自主境界；它表现为现代的审美情趣、审美体验、审美追求和审美反省。现代教养就是现代人的真善美。

　　教育的根本目标是"使人作为人能够成为人"，具体地说，现代教育的根本目标就是使人成为具有现代教养的人。记得《读书》杂志曾先后刊登《清华园里可读书》与《清华园里曾读书》两篇文章。前文写于1994年清华大学83周年校庆之后，作者由慨叹于清华不再出王国维、陈寅恪、梁思成这样的"大师级人才"而追问"清华园里可读书？"后文则由此抚今追昔，是那样亲切地向我们描述了作者在清华园里的读书生活。作者首先写的是图书馆。"一进入那殿堂就有一种肃穆、宁静，甚至神圣之感，自然而然谁也不会大声说话，连咳嗽也不敢放肆。"接着作者就追忆"那些学识渊博的教授们在课堂上信手拈来，旁征博引，随时提到种种名人、名言、佳作、警句乃至历史公案，像是打开一扇扇小天窗，起了吊胃口的作用，激发起强烈的好奇心，都想进去看个究竟，读到胜处不忍释手，只好挑灯夜读"。于是乎学子们便孜孜于"以有涯逐无涯"，乐此不疲。作者由"曾读书"的清华园而发表这样的议论："大学的校园应该是读书气氛最浓的地方，有幸进入这一园地的天之骄子们，不论将来准备做什么，在这里恐怕首要的还是读书，培养读书的兴趣，读书的习惯，尽情享受这读书的氛围，这里可能积累一生取之不尽的财富，或是日后回忆中最纯洁美妙的亮点。"这"取之不尽的财富"，这"最纯洁美妙的亮点"，就是教育所陶铸的人的综合素质与能力——教养。

谈到教养的时候，我们自然地特别想到当代大学生的教养。在这里，我们想借用作家张炜对大学生的一次讲演，来进一步谈论这个话题。张炜说，"大学应该是现代思想的发源地，大学应该高瞻远瞩。大学尤其不应该是个时髦的地方。太时髦了就容易遮掩真正的见解，淹没清晰的思路"。正是基于对大学的这种理解，他认为，不管学习什么专业，"在大学阶段都要涉足比较重要的、深邃的思想体系，这种开阔思路、视野的过程，对一生都非常难得，也算没白上了一次大学"。大学不能满足于学些"雕虫小技"。对于大学生在业余时间去做经纪人、公关小姐等，张炜说，"它与一个求学期间心理上应有的一份严整性、与正在进入的专业上的内守精神是格格不入的"。他提出，"大学生时期最重要的，是要有超越职业追求的某些理念和实践，这样才算没有白过了大学生活"。

我们很欣赏张炜关于大学、大学生以及大学生活的这些看法，并认为这些看法阐发了"教养"之于"教育"，特别是"现代教养"之于"现代教育"的意义。不久前，笔者曾为任教大学的学生开设了一门新课《哲学通论》。这门新课，试图以"激发学生的理论兴趣，拓宽学生的理论视野，撞击学生的理论思维，提升学生的理论境界"为目标，培养学生的"高举远慕的心态，慎思明辨的理性，体会真切的情感，执着专注的意志和洒脱通达的境界"。课程结束后，偶然在校刊上发现两名同学分别写的两篇文章，使我们更为真切地体会到"现代教养"

在"现代教育"中的意义。

在《学子呼唤哲学》这篇短论中，作者这样写：

当我们经过小学、中学的基础学习，再经过大学专业学习之后，知识的积累已达到一定程度，尤其是受着大学校园里浓郁的文化氛围的熏陶，伴着年岁的增长，我们开始学会思考了。我们想触及心灵更深处，想剖析思想更深层。然而，仅从专业知识的学习中，我们无法获得我们所要的解答，困惑与迷茫总是或近或远地缠绕着我们。

我曾看到很多同学的书架上放着黑格尔、弗洛伊德、老子、孔子等名人的论著，同时也常听到有些同学感叹哲学的深奥难懂，甚至"根本读不进去"。这种想学而又难以入门的矛盾显示无遗。

学子们在呼唤哲学教育，呼唤一种可以与时代相结合的、具有时代精神的哲学。公式化的所谓"哲学"只会枯燥无味令人厌倦。年轻一代所需要的是贴近时代又高于时代的哲学，它扎根于社会现实发展又不囿于具体的一事一物，它在一定程度上超脱现实以求对现实发展起着推动作用。

是的，哲学的冷落绝非意味着哲学的无用，我们在呼唤一种与时代精神相结合的、能真正指导人走向更高层次的哲学。如果有一天，真正精辟深刻、启迪人心的哲学基础教育能作为大学生修养的一部分得以在大学校园里普及的话，那岂不是莘莘学子的一大幸事！

如果说，这篇短论试图表达大学生对提高自身教养的呼唤，那么，在《最真的渴求》这篇短文中，作者则真挚地敞开心扉，讲述了自己的心灵体验：

满满的课表，厚厚的笔记，日复一日的"孜孜以求"；学计算机，攻外语，学法学，大礼拜没有了实际意义……不错，一年多来，我翻过的专业书、工具书也算不少，但是，我极少以一种慎思明辨的理性、执着专注的意志去读书，我更无法体会那洒脱通达的境界。我的灵魂长期处于饥渴和贫血，它的底片不断放大而自身却越发苍白，生命的链条越绷越紧却缺乏丰腴的弹性。一种浮华的、实用的东西侵吞了我太多的时间和精力……我现在也庆幸，奔忙中有这一刻驻足和驻足时那几秒钟的清醒与理智。梦醒时分，我那么深切地感受到，在喧嚣与奔忙的间隙中，多么迅猛地滋长着读书这种不能泯灭的渴求，它无始无终地不竭涌动，逐渐蔓延到我的整个生命里……

读过这两篇短文，使我们更为真切地感受到当代青年、特别是当代学子们对现代教养的渴求。确实，就像伟大哲人黑格尔所说的，"人应尊敬他自己，并应自视能配得上最高尚的东西"。① 现代化，绝非仅仅是高楼大厦耸入云天，高级轿车四处奔驰，高档时装花样翻新，高级享乐炫耀于人。现代化，最重要的是人的现代化、人的教养的现代化。我们每个人都需要在现代化的进程中，塑造一个现代的、有教养的自我。

---

① 黑格尔：《小逻辑》，商务印书馆 1980 年版，第 36 页。

诗意的存在：人类之美

人，诗意地居住在大地上。

荷尔德林

1. 美是生活

人创造了生活的世界。

生活的世界是属于人的世界。

美是人的创造，美属于人的生活。"任何东西，凡是显示出生活或使我们想起生活的，那就是美的。"这是车尔尼雪夫斯基的名言。

人的生活是有意义的生命活动。人的生命活动创造了有意义的生活。生活的意义照亮了人的世界，人的世界辉耀着美的光芒。

美是人的创造，创造美的人，是美的真正的源泉。

人创造了有意义的生活，有意义的生活涵养了人的性、情、品、格，由此便构成和显现出人性之美、人情之美、人品之美和人格之美。人的性、情、品、格"对象化"为人的生活世界，美就是人的生活，美就是人的世界。

人性之美，首先是人的创造性之美。人创造了人的生活世界，也就是创造了人本身。创造，这意味着"无中生有"，意味着"万象更新"。人从"生存"中创造出"生活"，从"动物"中创造出"人类"，从"物质"中创造出"精神"，从"存在"中创造出"美"。美是人的发现。

人发现了大地的"苍茫"之美，海洋的"浩瀚"之美，群山的"阳刚"之美，湖泊的"宁静"之美。从太阳的东升与西落，人发现了"旭日"和"夕阳"之美；从春夏秋冬的四季转换，人发现了"春绿江岸""夏日骄阳""秋染枫林""瑞雪丰年"的"风花雪月"之美；从星空下的原野与江河，人发现了"星垂平野阔""月涌大江流"的意境之美……一山一水，一草一木，人都会发现它的千姿百态的美。美是人的生活。

生活洋溢着人性和人情，生活才是美的。19世纪法国文艺批评家丹纳，曾以三位美术大师——达·芬奇、米开朗琪罗和高雷琪奥——创作的同一题材内涵迥异的三幅名画《利达》为例，这样向人们提出问题：我们是喜爱达·芬奇表现的无边的幸福所产生的诗意，是米开朗琪罗描绘的刚强悲壮的气魄，还是高雷琪奥创造的体贴入微的同情？①

对于自己所提出的问题，丹纳作出这样的回答：这三位大师所创造的三种意境，都符合并展现了人性中的某个主要部分，或符合并展现了人类发展的某个主要阶段，因此都是人性之美、人生之美。

确实，无论是快乐或悲哀，还是健全的理性或神秘的幻想，无论是活跃的精力，还是细腻的感觉，无论是肉体畅快时的尽情流露，还是理性思辨时的高瞻远瞩，这都是人性的显现，人生的体验，因而都是生活世界的人性之美和人生之美。对美的礼赞，就是对生活的礼赞，对人性与人生的礼赞。

人的生活，创造了人的"品"与"格"。人类之美，展现为人的品位、格调、情趣、境界之美。

---

① 参见丹纳：《艺术哲学》，人民文学出版社 1983 年版，第 343 页。

自爱是人性中最根本的力量，也是人性美的源泉。热爱自己的生命，创造自己的生活，才能发现生活之美，感受生活之美；热爱自己的家庭，营造家庭的和谐与欢乐，才能发现亲情之美，感受亲情之美；热爱自己的事业，全身心地投入到事业之中，才能进入创造的境界，才能创造出美的作品；热爱自己的祖国，乃至热爱自己所属的人类，自己生存的世界，才会有"天人合一"的至大之美。

自爱首先是自尊。尊重自己，自视能配得上最高尚的东西，人才会有高远的理想，高尚的情趣，高雅的举止，高超的境界。尊重自己，就会追求博大的气度，高明的识度和高雅的风度。博大的气度，会展现出大地般的"苍茫"之美和海洋般的"浩瀚"之美；高明的识度，会展现出"阐幽发微而示之以人所未见，率先垂范而示之以人所未行"的睿智之美；高雅的风度，会展现出坦坦荡荡、堂堂正正、不骄不躁、不卑不亢的风采之美。

自尊就要自律、自立、自强。"严以律己，宽以待人。""己所不欲，勿施于人"，这不仅仅是一种道德的境界，也是一种美的境界。严以律己，方能展现出言谈

— 37 —

文雅、行为高雅的风采之美；宽以待人，才会展现出胸纳百川、通达潇洒的境界之美。

冯友兰先生曾提出，人的生活应该是"极高明而道中庸"，在平常的生活中展现出人的性、情、品、格之美。这使我们想起了一篇题为《日子》的散文。"日子，把乳白的芽儿拱出土层，把嫩绿的叶子一片一片地张开，把花朵一枝一枝地释放出香味来，把果实酝酿成希望的彩色，甜柔的收成。""即使岁月把日子砍伐成一株轰隆倒塌的大树，但也会有泥土下斩不断、挖不绝的根系，会重新繁殖出新的苗圃来；还会有顽强的种子，用它们独特的旅行方式，走遍世界，去繁衍成理想的部落，美的风景。"①

这是一篇很美的散文，向我们描绘了美的人生。如果失去了美和美感，"日子"便只是自然而然的出生、童年、少年、青年、中年、老年和死亡。有了美和美感，"出生"便是"乳白的芽儿拱出土层""少年"便是"把嫩绿的叶子一片一片地张开""青年"便是"把花朵一枝一枝地释放出香味来""中老年"便是"把果实酝酿

———————————

① 见《读者》1995年第7期。

成希望的彩色，甜柔的收成"。即便是"死亡"，也会有"斩不断，挖不绝的根系"，也会"重新繁殖出新的苗圃"，还会有"顽强的种子"去繁衍"理想的部落"和"美的风景"。

生活是"美"的，是因为生活是"美好"的。"美"是相对于"丑"来说的，"好"是相对于"坏"来说的。"美"和"好"水乳交融，才是生活之美。

"好"，是人的价值评价，它内含着人的尺度。人的尺度，就是有利于发挥自己的潜能，有利于满足自己的需要，有利于实现自己的发展。人的尺度，就是"实现自我"或"自我实现"的尺度。"美"与"好"的统一，意味着人的生活之美就是创造生活之美、自我实现之美。马克思说："动物只是按照它所属的那个物种的尺度和需要来进行塑造，而人则懂得按照任何物种的尺度来进行生产，并且随时随地都能用内在固有的尺度来衡量对象；所以，人也按照美的规律来塑造。"①

美是人的尺度与物的尺度的统一。人按照"任何"物种的尺度去进行生产，因而能够创造性地生产出符合

---

① 马克思：《1844年经济学哲学手稿》，人民出版社1979年版，第50—51页。

"任何"物种规律的产品；人在按照"任何"物种的规律所进行的生产中，"随时随地都能用内在固有的尺度来衡量对象"，对象便成为人的评价对象；在生产对象的活动中，便融入了人的"好"的尺度，因此也就有了生活的创造之美。

人创造了生活，也就创造了美。在人的生活世界和人的生活之旅中，美是无处不在的。热爱生活，生活永远是美的。也许，我们可以引用一首诗来结束这段关于"美是生活"的议论。

我不去想是否能够成功

既然选择了远方

便只顾风雨兼程

我不去想是否能够赢得爱情

既然钟情于玫瑰

就勇敢地吐露真诚

我不去想背后会不会袭来寒风冷雨

既然目标是地平线

留给世界的只能是背影

我不去想未来是平坦还是泥泞

只要热爱生命

一切都在意料之中。①

2."生命的形式"

美，总是使人想到艺术：赏心悦目的舞姿，扣人心弦的乐曲，令人遐想的雕塑，栩栩如生的画卷……

艺术把我们带入美的境界，是因为艺术展现了生命的活力与创造，是因为艺术表现了充满活力与创造的生命。艺术是生命的形式。

白石老人画的虾不能在江海中嬉戏，悲鸿先生画的马不能在草原上驰骋。那么，为什么人们需要、创造、欣赏和追求这种"虚幻"的美呢？因为人是创造性的存在，

---

① 汪国真：《热爱生命》，载《读者文摘》1988 年第 10 期。

人是自己所创造的文化的存在。文化的历史积淀造成人的愈来愈丰富的心灵的世界、情感的世界、精神的世界。人需要以某种方式把内心世界对象化，使生命的活力与创造获得某种特殊的和稳定的文化形式。这种文化形式就是创造美的境界的艺术。

艺术形象，无论是音乐形象和舞蹈形象，还是美术形象和文学形象，都是把情感对象化和明朗化，又把对象性的存在主观化和情感化，从而使人在艺术形象中观照自己的情感，理解自己的情感，品味自己的情感，使人的精神世界、特别是情感世界获得稳定的文化形式。因此，艺术形象比现实的存在更强烈地显示生命的创造力，更强烈地激发生命的创造力。在艺术创造的作品中，美是生命的生机与活力。对于人的生命体验、特别是情感体验来说，艺术世界是比现实存在更为真实的文化存在。

艺术所建造的另一种现实——艺术形象的世界——并不是简单地"表现"生命创造的生机与活力，而是能够激发人的崇高和美好的情感，诱发人的丰富和神奇的想象，唤起人的深沉和执着的思索，在心灵的观照和陶冶中实现人的精神境界的自我超越。

艺术形象的这种特殊功能，在于它内蕴的文化积淀总是远远地大于它呈现给人的表现形式。这就是艺术形象的美的意境，对于人的内心世界来说，美的意境是比艺术形象更为真实的文化存在。

美的意境，既是"充实"的，又是"空灵"的。唯其"充实"，它才使人感受到充满生机与活力的生命；唯其"空灵"，它才使人体验到生命的生机与活力。

宗白华先生曾这样谈论艺术的"充实"与"空灵"，他说："文艺境界的广大，和人生同其广大；它的深邃，和人生同其深邃，这是多么丰富、充实！""然而它又需超凡入圣，独立于万象之表，凭它独创的形相。范铸一个世界，冰清玉洁，脱尽尘滓，这又是何等的空灵？"[1]

对于"空灵"，宗先生具体地提出，空灵方能容纳万境，而万境浸入人的生命，染上了人的性灵，所以，美感的养成在于能"空"，对物象造成距离，使自己"不沾不滞"。而艺术的空灵，首先需要精神的淡泊。宗先生以陶渊明的《饮酒》诗为例，来说明这个道理。"结庐在人境，而无车马喧。问君何能尔，心远地自偏。采菊东篱

---

① 宗白华：《美学散步》，上海人民出版社 1981 年版，第 20 页。

下，悠然见南山。山气日夕佳，飞鸟相与还。此中有真意，欲辨已忘言。"陶渊明之所以能够"悠然见南山"，并且体会到"此中有真意，欲辨已忘言"，是因"心远地自偏"。由此，宗先生评论说：艺术境界中的空并不是真正的空，乃是由此获得"充实"，由"心远"接近到"真意"，这正是人生的广大、深邃和充实。[①]

对于"充实"，宗先生又以尼采所说的构成艺术世界的两种精神——梦的境界和醉的境界——为出发点而予以阐发。宗先生说，梦的境界是无数的形象，醉的境界是无比的豪情。"这豪情使我们体验到生命里最深的矛盾、广大的复杂的纠纷；'悲剧'是这壮阔而深邃的生活的具体表现。所以西洋文化顶推重悲剧。悲剧是生命充实的艺术。西洋文艺爱气象宏大、内容丰富的作品。荷马、但丁、莎士比亚、塞万提斯、歌德，直到近代的雨果、巴尔扎克、斯丹达尔、托尔斯泰等，莫不启示一个悲壮而丰实的宇宙。"[②]

艺术的"空灵"与"充实"，显示的是生命的空灵与

---

① 宗白华：《美学散步》，上海人民出版社 1981 年版，第 23 页。
② 同上

充实。艺术的生命力在于生命的真实的、深切的感受。雨果说，科学——这是我们；艺术——是我。海涅说，世界裂成两块，裂缝正好穿过我的心。李斯特说，如果作曲家不讲述自己的悲伤和欢乐，不讲述自己的平静心情或热烈的希望，听众对他的作品就会无动于衷。列夫·托尔斯泰说，艺术家只有在自己的心灵深处才能发现人们感兴趣的东西。

艺术，只有显示生命的欢乐与悲哀，生命的渴望与追求，生命的活力与创造，才是美的艺术；欣赏艺术作品，只有体验到生命的广大与深邃，生命的空灵与充实，才能进入艺术的世界、美的世界，才能以艺术滋润生命，涵养生命，激发生命的创造，创造美的生活。

人们在艺术所创造的美丽意境中观照、理解和超越自己创造的文化，是对艺术文化的再创造，也是对生活的再创造。在审美对象（艺术品）与审美主体（欣赏者）之间，总是存在着艺术形象的多义性与历史情境的特定性、艺术形象的开放性与个人视野的丰富性等多重关系。美的艺术是艺术家的生命创造，也是欣赏者的生命创造。审美，需要审美主体具有审美的感官、审美的情趣、审美的追求，更需要审美主体的生命创造。

美的意境在艺术文化的创造与再创造中生成，文化的历史积淀在艺术的创造与再创造中升华和跃迁。人的教养程度是艺术的创造与再创造的前提，因而也是在审美活动中实现社会性的生活之美的升华和跃迁的前提。

艺术家所给予的和欣赏者所接受的是艺术形象；艺术家所创造的和欣赏者再创造的则是美的意境——艺术世界的人类文化。因此，艺术的创造者和再创造者的文化教养和文化指向，深层地规范着艺术的基本趋向，规范着艺术对美的创造。

文化教养和文化指向的差距，总是使艺术本身处于深刻的矛盾之中。丹纳称艺术是"又高级又通俗"的东西，并认为艺术是把最高级的内容传达给大众。黑格尔则把艺术的这种内在矛盾归结为"艺术总是同时服侍两个主子"。这"两个主子"就是：艺术一方面要服务于较崇高的目的，另一方面又要服务于闲散和轻浮的心情。

艺术服务于较崇高的目的，其根基是艺术的创造者（艺术家）和艺术的再创造者（审美主体）的高尚的文化教养和崇高的文化指向，其结果就会是艺术的升华和文化的跃迁。反之，艺术服务于闲散和轻浮的心情，其根基则在于艺术的创造者和再创造者的低级的文化教养和庸俗的文化指向，其结果就会是艺术的滑坡和文化的匮乏。

艺术的升华和文化的跃迁，具有双向的正效应；艺术的滑坡和文化的匮乏，则表现出双向的负效应。

审美主体由于文化教养和文化指向的较低水平而泯灭艺术的再创造功能，会诱导艺术创造主体丢弃追求美的意境的渴望，使艺术服务于黑格尔所说的"闲散和轻浮的心情"。

艺术创造主体由于文化教养和文化指向的较低水平而失去艺术的创造功能，会引导审美主体对美的意境的麻木，满足于感官的刺激和愉悦。

这种双向的负效应，使得艺术上的赝品博得喝彩，而精神上的佳品却遭受冷遇；使得艺术价值匮乏的作品获得显著的"经济效益"，艺术价值较高的作品却难以获得"经济效益"。

没有文化力度的艺术是艺术上的赝品，艺术上的赝品博得喝彩的民族是缺乏文化力度的民族。走出艺术滑坡与文化匮乏相互缠绕的怪圈，其出路在于提高全民族的文化教养，并校正"跟着感觉走""潇洒走一回"的文化指向。

艺术是生命创造的文化形式。它展现的是生命创造之美。我们需要从艺术中去感受生命的创造力，激发生命的创造力，创造更加美好的生活。

3. 无须"包装"

历史喜欢和人开玩笑：人们本来是要走进这个房间，却常常是走进了另一个房间。这大概就是时下颇为流行的一个词儿——误区。

于是，有人谈思想误区、观念误区，有人谈语言误区、心理误区。总之，凡是人的思想与行为，总会有相应的误区。美也是这样。

美是真实的生命活动，美是真实的生活世界。离开生命活动的真实，离开生活世界的真实，美，就不复存在。然而，人们却常常以假为美，把假打扮成美。这就是"美"的误区。时下流行的另一个概念——"包装"——就颇为有说服力地证明了美的误区。

先说"形象包装"。涂脂抹粉，穿金戴银，这是古已有之的，不必说了。当代世界，科技发达，包装的技术无奇不有，包装的领域无处不在。人对自身的形象包装，更是机关算尽，花样翻新，几乎是无所不包，以至于"包"得面目全非。

人对自身的形象包装，大体可分为"外包装"与"内包装"，所谓外包装，就是"涂"上去的，"抹"上去的，"穿"上去的，"戴"上去的，总之是"外加"上去的。这种"外加"的"包装"，说到底，就是要使"形象"大于"存在"。大于自身存在的形象，就是用"形象"去遮蔽"存在"，使"存在"变成"形象"。可是，"存在"隐退了，剩下的只是"形象"。失去"存在"的"形象"，能够是美的吗？这是应该打个问号的。

所谓内包装，不是"外加"上去的，而是通过改变"存在"来实现形象的"包装"。这种内包装，从面部到胸部再到臀部，也已经是无处不在。单眼皮割成双眼皮，塌鼻梁垫成高鼻梁，薄嘴唇扩成厚嘴唇，瘪胸脯变成鼓胸脯，粗腰围变成细腰围，窄臀部变成宽臀部……这种改变"存在"的"内包装"，说到底，就是要用"形象"

来代替"存在"，把"存在"变成"形象"。于是，"存在"消失了，遗留下的只是"形象"。那么，"非存在"的"形象"能够是美的吗？这也是应该打个问号的。

毫无疑问，防冷御寒，蔽体遮羞，人总是需要某些"外包装"。历史进步，生活富裕，"外包装"也好，"内包装"也好，自我包装者心情愉悦，精神振奋，观赏包装者赏心悦目，心旷神怡，生活因而显得更加五光十色，丰富多彩，这当然无可非议，甚至值得称道。问题在于，如果只是追逐"包装"的"形象"，而不是充实"真实"的"存在"，甚至用"包装"的"形象"去遮蔽、改变以至取代"真实"的"存在"，"存在"的美不就"隐退"以至"消失"了吗？《现代小姐》里的那句歌词，还是发人深省的："你不用涂红又抹绿，只要你不断充实自己，人人都会喜欢你。"

形象的"包装"在现代生活中，总是同"广告""时尚""流行"这些词联系在一起。

广告无处不在，又无时不有，以至无孔不入，这大概是现代社会的一大特征。广告变成了生活的形象，生活的形象变成了广告。有论者说，"广告的秘密是形象的构

— 50 —

成代替了信息的传播"。① 人们在接受广告的时候，自以为是在接受商品的信息，但实际上接受的却是商品的"形象包装"。这样，广告就把销售商品变成销售形象，顾客也把购买商品变成购买形象。人对自身存在的"包装"也像广告一样，不是传递自身存在的信息，而是展示经过包装的形象。这样，就把美的存在变成美的形象，用美的形象代替了美的存在。美的真实性在广告式的包装中隐退了。

对形象的包装，只有一个共同的尺度，这就是"流行"。最典型的实例就是"时装"。时装领导新潮流。流行的款式，流行的颜色，流行的质料，是形象包装的标准。从"流行"到"过时"，其转换速度之快，真是令人目不暇接，晕头转向。"自我"失去了连续性，只剩下"流行"与"过时"的片断。

有论者以当代流行的 MTV 为例，进行了耐人寻味的分析："MTV 在把音乐转化为形象的同时，进行了对形象的无意识分裂。在画面分割和镜头闪回的节奏化交替之间，人被强制性地束缚在形象分裂的狂欢中。正是在与

---

① 肖鹰：《泛审美意识与伪审美精神》，载《哲学研究》1995 年第 7 期。

形象的"片断"的关系中，而不是与形象的整体关系中，当代人遭到了形象物化力量的打击，并且因为这种打击而迸发出无限制的形象欲望。可以说 MTV 的煽情力量就在于这种分裂的打击力量——它通过形象暴力传达一种自由的幻觉。由于人对形象的关系局限于一种"片断"关系，因此，在形象游戏中，关于整体性的瞻望就具有根本性的喜剧意味，是持续不断的自我反讽。自我反讽的风格无疑是当代游戏的基本风格，游戏者通过失败主义的自我戏耍来获得一种空洞的自我意识。表演，而不是对某种东西的表演，被绝对化了。MTV 既不是听觉艺术也不是视觉艺术，而只是表演艺术——它只是表演。在这里，表演的意义是对被表演者的彻底否定来实现的，也就是说，在这里，自我不仅被认为只是一种可能，而且被认为必然是一种危险的可能。成功的希望就是在尝试这种可能的同时逃避或毁灭这种可能。因此，现代形象游戏在反讽表演之外，必然包含着一种疯狂的意志。片断内在地具有复归于整体的欲望，而时间把这种复归转化为更深的分裂，并从相反的方向驱迫这种欲望走向分裂。"①

———————

① 肖鹰：《泛审美意识与伪审美精神》，载《哲学研究》1995 年第 7 期。

应当说，这段议论是颇具启发性的。追赶时尚的形象包装，以及"时尚"的迅速转换所造成的"包装"追赶不及，把人的存在变成了"瞬间"的、"片断"的、"分裂"的存在，人们在"广告形象"与"形象包装"中，形成的不是真实的自我意识，而是"空洞的自我意识"。人的自我意识失去了真实性、完整性、和谐性与统一性。美，却是真实、完整、和谐与统一。因此，在"空洞的自我意识"中，人们所获得的不过是一些"伪审美形象"。

再说"语言包装"。

现在有一种说法，叫作"打击假冒伪劣"或简称"打假"。打来打去，人们发现，除了假烟、假酒、假种子、假化肥等之外，语言之假也非打不可。

语言包装有多种方式。假话、空话、大话、套话，大概是最普遍也最丑陋的语言包装。明知非如此，偏要讲如此，这是假话；明明无话可说，偏要滔滔不绝，这是空话；明明事情不大，偏要慷慨激昂，这是大话；明明用不着说，偏要照本宣科，这是套话。用假话、空话、大话、套话来包装语言，那语言当然是丑得吓人。而偏偏如此包装语言，则可见语言所包装的存在是何等的空洞。

滥用时髦语言，这是一种"金玉其外，败絮其中"的语言包装。就是一个"位"字吧，现在几乎是到处都可以听到或看到"错位""定位""到位""层位"等说法（或写法）。学习成绩不及格，学习未"到位"；工作业绩不显著，工作未"到位"；事情没办成，关系未"到位"；搞对象失败了，恋爱未"到位"……"举措"这个词儿一流行，打扫卫生是实现环境美的"举措"，开个班组会是完成工作任务的"举措"，搞个基层联欢会是建设精神文明的"举措"……说到想问题，就要"多侧面""多角度""多层次""全方位"，否则就是所谓"平面思维"。这种时髦的语言包装，把简单说复杂了，把清楚的说含混了，常常使人听得身上起鸡皮疙瘩，这怎么能还有语言之美呢？

语言包装的另一种形式，是没有任何必要地夹杂外文词儿，偏把普通话唱成模仿来的粤语等。这种不伦不类、不中不西的说法和唱法，实在是让人不舒服。语言包装到这份儿，又如何能够美呢？

再说"思想包装"。

记得在一次国际性的大学生辩论赛上，代表评委作总结发言的一位学者，曾经中肯地指出，有的辩手虽然很是讲究遣词造句，但缺乏思想，恐怕是舍本求末了。思想本身是美的。如果不是展现思想自身的逻辑之美，而是企图把思想"包装"起来，思想之美也就荡然无存了。

在许多的讲话或论著中，人们常常喜欢运用"辩证思想"。然而，这种所谓的"辩证思想"，却往往只不过是一种"思想包装"，把思想包装成"一方面"和"另一方面"。这就不由得使人想起恩格斯嘲讽"官方黑格尔学派"的一段话："自从黑格尔逝世之后，把一门科学在其固有的内部联系中来阐述的尝试，几乎未曾有过。官方的黑格尔学派从老师的辩证法中只学会搬弄最简单的技巧，拿来到处应用，而且常常笨拙得可笑。对他们来说，黑格尔的全部遗产不过是可以用来套在任何论题上的刻板公式，不过是可以用来在缺乏思想和实证知识的时候及时搪塞一下的词汇语录。……这些黑格尔主义者懂一点'无'，却能写'一切'。"[1] 如此这般地套用"辩

---

[1] 《马克思恩格斯选集》第2卷，人民出版社1995年版，第40页。

证"词句，怎么能不是"讲套话""说空话"呢？怎么能责怪人们把辩证法讥讽为"变戏法"呢？辩证智慧之美如何能得以展现呢？

形象的包装，语言的包装，思想的包装，人的存在被重重叠叠地包装起来。人们似乎是在奇形怪状的假面舞会上游戏，互相看到的只是包装的假面，存在本身却被遮蔽了，取代了，遗忘了。

在谈论真、善、美的时候，人们常常这样说："真"是"究竟怎样"；"善"是"应当怎样"；"美"则是"真"与"善"的统一，即"究竟怎样"与"应当怎样"的统一。"究竟怎样"，这是对真实性、现实性、必然性、规律性的寻求；"应当怎样"，这是对理想性、应然性、可能性、未来性的期待。美作为真与善的统一，也就是理想与现实、必然与自由的统一。基于现实去追求理想，又基于理想去观照现实；基于必然去争取自由，又基于自由去认识必然；在生命"超越其所是"的创造活动中去实现理想与现实、自由与必然的统一，这就是生命的创造活动所显示的真实的人类之美。

生命的创造活动内含着理想，指向着自由，它使人完善起来，崇高起来，因而人的生活是富有诗意的。"人诗意地居住在大地上。"富有诗意的创造活动是美的源泉。

人的诗意的创造活动又何须包装？

4. 和谐的成熟美

如果说"美是和谐"，那么，"成熟"就是人的性、情、品、格的和谐，就是人之美的精华。

"成熟"不是四平八稳、老气横秋，不是谙于世故、八面玲珑，不是因循守旧、知天知命。

当代散文大家余秋雨说：

成熟是一种明亮而不刺眼的光辉，一种圆润而不腻耳的音响，一种不再需要对别人察言观色的从容，一种终于停止向周围申诉告求的大气，一种不理会哄闹的微笑，一种洗刷了偏激的淡漠，一种无须声张的厚实，一种并不陡峭的高度。勃郁的豪情发过了酵，尖利的山风收住了劲，湍急的细流汇成了湖……

成熟是一种"光辉"，是一种人的性、情、品、格凝聚而成的和谐而明亮的"光辉"。

人性、人情、人品、人格，是人之为人的根本。泯灭人性，缺少人情，没有人品，丧失人格，是最丑陋的人。无论吃着多么珍贵的食物，穿着多么艳丽的服装，住着多么豪华的别墅，坐着多么高级的轿车，丧失了人之为人的性、情、品、格，都是应了老百姓广为流传的一句歇后语："狗戴帽子——装人。"这还哪里谈得上人之美呢？

人不仅需要坚守自己的人性、人情、人品和人格，而且需要达到性、情、品、格的和谐。人的性、情凝聚于人的品、格，人的品、格展现人的性、情。品位的高尚和格调的高雅，蕴含着春意融融的人性和人情。这是一种"文质彬彬"的成熟，"表里如一"的成熟。这种成熟辉耀着自己的人生，也辉耀着众多的人生。这是一种"明亮"但不"刺眼"的成熟的"光辉"。

成熟是一种"从容"，是一种堂堂正正、坦坦荡荡、自主自律的"从容"。

李大钊曾说，"人们每被许多琐屑细小的事压住了，不能达观，这于人生给了很多的苦痛"。① 生活中总有那些躲不开、绕不过的沟沟坎坎，总有那些说不清、道不明的疙疙瘩瘩，总有那些剪不断、理还乱的恩恩怨怨，总有那些得不到、推不掉的争争夺夺。如果总是盯着这沟沟坎坎，想着这疙疙瘩瘩，说着这恩恩怨怨，做着这争争夺夺，人便会陷入"无处不在、无时不有"的苦痛，人也便会被扭曲得丑陋不堪。这又哪里谈得上人之美呢？

成熟的从容，首先是一种堂堂正正、坦坦荡荡的生活态度。"不以物喜，不以己悲"，"居庙堂之高则忧其民，处江湖之远则忧其君"。这是古人所标识的从容。"壁立千仞无欲则刚，海纳百川有容乃大。"这是古人所指点的从容的根基。

成熟的从容，又是一种自主自律、自尊自爱的主体意识。行止进退，源于自己的追求与约束，源于自己的尊严与操守，而不是来自察言观色和追赶时髦。每临大事有静气，乱云飞渡仍从容，苟利国家生死以，岂因祸福避趋之，这更是一种大手笔、大气象的"从容"。

"从容"的反面便是"浮躁"。汲汲于追名逐利，整

———————

① 李大钊：《史学与哲学》，人民出版社1984年版。

日喊喊喳喳，不惜为蝇营狗苟，无事生非，自寻烦恼，又哪里能有人生的那份成熟的"从容"呢？记得有一篇题为《气场》的中篇小说。小说中的人物为治病或养生而上山学练气功。然而，却又挂念着尘世的功名利禄，排解不掉世俗的恩恩怨怨，不但心"静"不下来，反而又无端增添许多的烦恼，于是"气功之场"变成了"生气之场"，失落了"气功"的"从容"。

成熟是一种"大气"，是一种超越了唯唯诺诺和斤斤计较的"大气"，一种摆脱了"小家子气"的"大气"。

"大气"首先是一种"气度"。"星垂平野阔，月涌大江流。"胸襟博大，视野开阔，可纳百川，可容万仞。"会当凌绝顶，一览众山小。"登高望远，高屋建瓴。相信"是才压不住，压住不是才"的人生真谛，不以一时一事为意，不囿于一孔之见，不止于一得之功，不骄不躁，不卑不亢，不向周围申诉告求，不沾沾自喜于掌声和喝彩，这才是成熟的气度之美。

"大气"又是一种"识度"。凡事望得远一程，看得深一成，想得透一层，阐幽发微而示之以人所未见，率先垂范而示之以人所未行。"同一境而登山者独见其远，乘城者独觉其旷，此高明之说也。"无论做工还是经商，无论当官还是教书，总能有自己的一套想法，总能有自己的一套办法，不卖弄个人的智巧而又不随波逐流，这才是成熟的识度之美。

"大气"还是一种"风度"。有人说"人过四十，就要替自己的容貌负责"。冷丁一听，此话大谬不然：人的容貌是与生俱来的，何以过了四十就要替自己的容貌负责？即使割眼皮、垫鼻梁，不也"假的就是假的"吗？即使涂红抹绿，穿高跟鞋，不也"你还是你"吗？认真想来，此话又确实不错：人是文化，人的言谈举止，人的音容笑貌，无不积淀着个人的文化与教养。外在的容貌表现着内在的教养。就此而言，"相面"有它的道理（不是指搞迷信活动）。从一个人的言谈举止、音容笑貌，可以"相"出他的过去（生活经历的精神积淀），可以"相"出他的现在（教养程度以及由此决定的精神状态），甚至也可以"相"出他的未来（机遇垂青于有准备的头脑，未来取决于现在的实力和努力）。"风度"不是有意为之的，不是故意做作的，不是模仿出来的。"风度"是由内在的教养所表现出来的成熟之美。

成熟是一种"淡漠",是一种洗刷了偏激的"淡漠",从容地面对人生的"淡漠",大气地把持自我的"淡漠"。

成熟的"淡漠",首先是一种人生态度的张力。它超越了非此即彼、两极对立的思维方式和价值观念,它表现了一种辩证的人生智慧。面对人生中扑朔迷离、纷至沓来的利害、是非、祸福、毁誉、荣辱、进退,不把问题看死,不跟自己"较劲"。

成熟的"淡漠",又是一种把持自我的自省与自知。我国当代哲学家张岱年先生说:"哲学家因爱智,故决不以自知自炫,而常以无知自警。哲学家不必是世界上知识最丰富之人,而是深切地追求真知之人。哲学家常自疑其知,虚怀而不自满,总不以所得为必是。凡自命为智者,多为诡辩师。"① 也许有人会说,这种"常以无知自警""不以所得为必是"的"淡漠",是对哲学家说的,普通人未必需要也未必做到。其实不然。中国当代的另一位哲学家冯友兰先生说:"哲学并不是一件稀罕东西;它是世界之上,人人都有的。人在世上,有许多不

---

① 张岱年:《求真集》,湖南人民出版社1983年版,第102页。

能不干的事情，不能不吃饭，不能不睡觉；总而言之，就是不能不跟着这个流行的文化跑。人身子跑着，心里想着；这'跑'就是人生，这'想'就是哲学。"① 所以，不仅"跑"着而且"想"着的每个人，都需要这种成熟的"淡漠"。

"淡漠"不是"冷漠"。"淡漠"是对"偏激"的超越，是保持必要的张力的人生智慧，是善于把持自我的成熟之美。"冷漠"则是对生活的厌倦，对他人的怀疑，对自我的疏离。冷静地拔剑出鞘的人是无所作为的，也是没有"美"可言的。正如爱智的哲人既需要炽烈地追求智慧、又需要淡漠地面对人生一样，一个有教养的现代人，他的成熟之美，既是一种炽烈的追求，也是一种自知的淡漠。

成熟是一种"厚实"，是一种"得失寸心知"的"厚实"，也是一种"酒香不怕巷子深"的"厚实"。

时下有一种说法（也是做法），叫作"自我宣传""自我表扬""自我推销"，似乎人的"行"与"不行"，就在于自己给自己做的"广告"好不好。于是"酒香不

---

① 冯友兰：《三松堂学术文集》，北京大学出版社 1984 年版，第 1 页。

怕巷子深"这句俗话成了过时的废话，"得失寸心知"这句名言也成了迂腐的象征。然而，与"厚实"相对的"浅薄"，经过"宣传""表扬"与"推销"，不是愈加显露其"浅"与"薄"吗？把"博"览群书变成"薄"览群书，不是一说话、一办事就显露其缺"教"少"养"吗？世有"厚实"之美，而未闻"浅薄"之美。

"厚实"与否，首先是"得失寸心知"的。"有"，则从容、大气、淡漠，不急不躁，不卑不亢；"无"，则烦躁、小气、偏激。俗话说，"难者不会，会者不难"。一旦来"真格儿的"，那"厚实"与否便一清二楚。俗话又说"行家一出手，便知有没有"。"自我表扬"也好，"自我推销"也罢，总是要给"行家"看的。而只要你"一出手"，"行家"便也就知道你到底"有没有"。如果"没有"，"表扬"和"推销"不就成了五彩缤纷的"泡沫"了吗？俗话还说，"书到用时方恨少"。推而广之，一切的能力、本领、知识、智慧，不都是到了用时"方恨少"吗？"厚实"，使自己感受到充实，也使别人感到愉悦，这当然是一种成熟的美。"浅薄"使自己时时感到捉襟见肘，或以偏激的言辞来辩护，或以"小家子

气"来掩饰，那故弄玄虚、色厉内荏的姿态，即使是如
何漂亮的容貌，又如何能使人感到美呢？"你不用涂红又
抹绿，只要你不断充实自己，人人都会喜欢你"，这句歌
词是不错的。

成熟的厚实，就是学养、修养、教养的充实，就是历
史文化对个人的占有，就是人被"文化"。我国当代哲学
家贺麟先生说："哲学是一种学养。哲学的探究是一种以
学术培养品格，以真理指导行为的努力。哲学之真与艺
术之美、道德之善同是一种文化，一种价值，一种精神
活动，一种使人生高清而有意义所不可缺的要素。"①

贺麟先生这里所说的"学养"，主要指的是"人文教
养"。教养需要教育。特别是"高等教育"，它之所以
"高"，就在于它要使人成为"高贵的人""高尚的人"
"有教养的人"。人有"教养"，才能变得"厚实"。以此
观照我国现在的高等教育，则不能不提出深化改革的任
务。重专轻博，重用轻学，重理轻文，重业（业务）轻
人（人的教养），培养人的目标总是被培养专家的目标所
模糊，从而失去了教育、特别是高等教育的人文底蕴和

① 贺麟：《哲学与哲学史论文集》，商务印书馆 1990 年版，第 120 页。

人文内涵。要使人不成为"文明的野蛮人",而成为"有教养的现代人",就要使人"厚实"起来,"成熟"起来,强化我们的人文教育,培育人的现代教养。

从容、大气、淡漠、厚实,这是人类的成熟之美,也是每个人的成熟之美。

无声胜有声：真情之美

人生是花，而爱便是花的蜜。

雨 果

1. "从情感的零度开始"?

我们没有做过统计，中央电视台的《东方时空》究竟有多少观众；我们也没有进行整理，《东方时空》究竟播映了多少"东方之子"，讲述了多少"老百姓的故事"。

我们只是知道，许许多多的人和我们一样喜爱《东方时空》；我们只是知道，无论是当代豪杰的"东方之子"，还是"生活空间"中的普通百姓，都在许许多多的人的脑海中留下了"鲜活的面容"。

这是《东方时空》的功绩，也是《东方时空》的魅力。

这魅力来自直面人生的思考，来自清新高雅的格调，来自鞭辟入理的语言，来自内涵丰富的文化，更来自感人肺腑的真情。

"浓缩人生精华"的"东方之子"，有的"居庙堂之高"而忧天下黎民，有的"处江湖之远"而虑国家大计，有的"腰缠万贯"而怀报国之志，有的"躲进小楼"而思民族振兴。或对丑恶行径拍案而起，或为美好事物呕心沥血。其情之真，其意之切，使人不能不想起鲁迅先生的一句诗："无情未必真豪杰。"

"讲述老百姓的故事"的"生活空间"，为我们讲述过相濡以沫的夫妻之情，相依为命的父女之情，相互帮助的邻里之情，相互体谅的朋友之情，舍生忘死的爱国之情，助人为乐的博爱之情，保护众生的天地之情。也许我们可以这样说："老百姓的故事"，讲述的就是普通人的情感世界的故事；"生活空间"，展现的就是老百姓的情感世界的空间。有情的故事，有情的空间，才能情系千万家，情系亿万人。唯其情真意切，才能吸引亿万人，感动亿万人，激发亿万人。由此，面对当代种种所谓"从情感的零度开始"的议论，我们不禁要问：真实的人生能够"从情感的零度开始"吗？塑造人生的文学艺术能够"从情感的零度开始"吗？"消解"掉人的真情，还能否有真实的人生、美好的人生？"消解"掉真情的文学艺术，还能否是"生命的文化形式"？

美是真实，美是真诚，美是真情。人世间最美的，莫过于真情实意，有情有义；人世间最丑的，也莫过于虚情假意，无情无义。美是生活，在于生活有真情。

冰心老人曾经这样饱含真情写真情："爱在左，同情在右，走在生命的两旁，随时播种，随时开花，将这一径长途，点缀得香花弥漫，使穿枝拂叶的行人，踏着荆棘，不觉得痛苦，有泪可落，却不是悲凉。"真情，使生命之树翠绿茂盛，使生命之旅生意盎然，酷暑严寒，风霜雨雪，都晒不化、刮不去、浇不掉、冻不坏生活的美丽。

人，也许是世界上最奇异的存在。人有思维，有语言，有历史，于是人去探索思维之谜、语言之谜和历史之谜，于是人们又不断地揭示出思维的规律、语言的规律和历史的规律，于是又形成解释思维、语言和历史的思维科学、语言科学和历史科学。然而，人的最大的奇异之处，也许并不是人的思维、语言和历史，而是人的情感；人类最需要破解的奥秘，或许也正是人的情感。

有人说，每个人的一生，都是为情所惑，被情所累。然而，又正是这种惑，这种累，构成了人的生活。无情所惑，人的奋斗拼搏所为何来？无情所累，人的喜怒悲哀又为何而来？一个"情"字，使生命具有了创造的活力，使生活具有了多彩的意义。生命融注了情，才是有意义的生活；有意义的生活才是美。

有情才有生活。父母与子女的亲情，兄弟姐妹的亲情，这是人的家庭生活。现在，人们常常发出寻找"精神家园"、寻求"在家的感觉"的议论，不就是因为"家"是"情"之所吗？如果失去了"情"，又何以"家"为呢？读过《安娜·卡列尼娜》的人，都会记得这部文学名著的第一句话："每个幸福的家庭都是相似的，每个不幸的家庭都有自己的不幸。""幸福的家庭"，它们的共同之处就是都有照亮生活的真情。贫穷也好，富贵也好，平平淡淡也好，大起大落也好，有了这份真情，就有"在家的感觉"。而"不幸的家庭"，不管它是怎样的不幸，又都是失去了这份真情。山珍海味也好，西装革履也好，轿车别墅也好，一旦没有了真情，就失去了"在家的感觉"，就要寻求新的"家园"。

有情才有事业。有人说，人生在世三件宝，事业、爱情和朋友。更有人不断地讨论，事业与爱情、事业与家庭、事业与友谊、事业与生活等等孰重孰轻。然而，"事业"能与"情"字分开吗？教师要做"园丁"，是因为他们怀着一分"培育桃李"的深情；护士要做"天使"，是因为他们怀着一份"救死扶伤"的深情；官员要做"公仆"，是因为他们怀着一份"为国为民"的深情；战士要做"英雄"，是因为他们怀着一份"保家卫国"的深情；革命者要做"仁人志士"，是因为他们怀着一份"救民于水火之中"的深情；科学家要探索宇宙、历史、人生的"奥秘"，是因为他们怀着一份"造福人类"的深情。这深情，辉耀着他们的事业，辉耀着他们的生命，这事业才是美的，这生命才是美的。1931年，爱因斯坦在美国加州理工学院对学习科学技术的青年们说："如果你们想使你们一生的工作有益于人类，那么，你们只懂得应用科学本身是不够的。关心人的本身，应当始终成为一切技术上奋斗的主要目标；关心怎样组织人的劳动和产品分配这样一些尚未解决的重大问题，用以保证我们科学思想的成果会造福于人类而不致成为祸害。在你们埋头于图表和方程时，千万不要忘记这一点。"在1935年悼念居里夫人的演讲中，爱因斯坦又说："在像居里夫人这样一位崇高人物结束她的一生的时候，我们不要仅仅满足于回忆她的工作成果对人类已经做出的贡献。第一流人物对于时代和历史进程的意义，在其道德品质方面，也许比单纯的才智成就方面还要大。即使是后者，它们取决于品格的程度，也远超过通常所认为的那样。"① 正是对人类的挚爱与深情，才有伟大的科学家和他们贡献给人类的伟大科学成果。

人们都知道，马克思的座右铭是"为全人类而工作"。在悼念马克思的墓前讲话中，恩格斯不仅概括了马克思的"两个伟大发现"，而且阐述了作为"科学巨匠"和"革命家"的马克思。恩格斯指出，争取无产阶级和全人类的解放，这才是马克思的"毕生的使命"。恩格斯说，"很少有人像他那样满腔热情坚韧不拔和卓有成效地进行斗争"；马克思把一切的"嫉恨"和"诬蔑"都

———
① 《爱因斯坦文集》第1卷，商务印书馆1994年版，第339页。

"当作蛛丝一样轻轻拂去"；马克思"可能有过许多敌人，但未必有一个私敌"。[①] 对人类的挚爱，对人类解放的渴求，这是马克思的伟大事业的力量源泉，也是马克思的伟大人格的力量源泉。

生活需要真情，事业需要真情，人间需要真情。"真情真义过一生"，生活才是美好的。

2. 亲情、友情和爱情

说到真情，人们都会自然地想到温暖的亲情，真挚的友情和甜蜜的爱情。

"人生一世，亲情、友情、爱情三者缺一，已为遗憾；三者缺二，实为可怜；三者皆缺，活而如亡！"作家刘心武的这番感慨，确实是肺腑之言，至诚之言。

还有人说：亲情是一种深度，友情是一种广度，爱情是一种纯度。亲情的"深度"，在于它没有条件，不要回报，像春雨滋润心田，如阳光沐浴人生。友情的"广度"，在于它浩荡宏大，有如可以随时安然栖息的堤岸。

① 参见《马克思恩格斯选集》第3卷，人民出版社1995年版，第778页。

爱情的"纯度",在于它是一种神秘无边,可以使歌至忘情、泪至潇洒的心灵照耀。体验了亲情的深度,领略了友情的广度,拥有了爱情的纯度,这样的人生,才称得上是名副其实的人生,才说得上是美好的人生。

亲情之美,美在它的自然、深沉。每个人都是"一无所有"地来到人间,人人首先拥有的,便是父母的亲情。每个人都要在人世间奋斗、拼搏,人人都无法离开的,便是家庭的温暖。每个人都会有告别人世的时候,他感到最为依恋的,还是环绕病榻的亲人。亲情,陪伴着我们,环绕着我们,滋润着我们,抚慰着我们,我们感受到生活是美好的。

古往今来,人们用诗歌来吟唱亲情,用绘画来描绘亲情,用音乐来赞美亲情,用小说来表达亲情,亲情永远是文学艺术的最为动人的主题。"慈母手中线,游子身上衣。临行密密缝,意恐迟迟归。谁言寸草心,报得三春晖。"这是古人对母爱的吟诵。生活于现代的今人,又何尝不是依恋着这份亲情?

母亲发上的颜色给了我

又还为原来的白

父亲眼中的神采传了我

复现旧隐的淡然

一个很美的名字

我过分依恋的地方

当灯火盏盏灭尽

只有一盏灯

当门扉扇扇紧闭

只有一扇门

只有一盏发黄的灯

只有一扇虚掩的门

不论飞越了天涯或走过了海角

只要轻轻回头

永远有一盏灯，在一扇门后

只因它有一个很美的名字

我有了海的宽柔

这个很美的名字就是——家

尘世嚣嚣，红尘滚滚，浪迹天涯的游子总是怀着一份亲情的温暖；远离故土的人们，总是品味着难以忘怀的乡愁。"劝君更饮一杯酒，西出阳关无故人。"这是多么悲凉、凄怆，又是何等亲切、温柔！一曲《又是九月九》，引发了多少人的感慨与共鸣。"家乡才有美酒，才有问候。"亲情使人变得温柔，亲情也使人变得刚毅。失去了亲情，或许是人生的第一大憾事。

在现实生活中，我们看到许许多多的、各种各样的悲欢离合。然而，最能催人泪下的，也许就是由于家庭破裂、父母离异所造成的失去了亲情的孩子。对孩子来说，失去了亲情，这不只是失去了一份体贴，失去了一份温暖，而是失去了美，失去了生活的本身的美。生活失去了亲情，就失去了它的最温柔的色彩，失去了它的最美好的底色，生活就会变得阴暗、丑陋。刘心武说，亲情、友情、爱情，三者缺一为遗憾，三者缺二为可怜，三者皆缺为白活。而对孩子来说，只要失去了亲情，就会改变生活的颜色。

如果说亲情来自自然，友情则来自交往；如果说亲情是深厚的温柔，友情则是宽广的抚慰；如果说亲情是生活的桨，友情则是生活的帆。有人说，真正的友情，是一种心灵的默契，是一种独特的景致。在岁月的尘埃飘荡的日子，朋友昭示着雨水和光明。那些温柔的面孔，执着的手，诚实的语言，来自真情，源于友情。友情如帆，洁白高远，在人生的旅途，鼓荡起来，潇洒起来。

人生在世，幸福需要有人分享，痛苦需要有人分担，心声需要有人倾听，心灵需要有人抚慰。当幸福到来的时候，比如你工作有了成绩，事业有了成就，恋爱获得了成功，比如你考上了一所理想的学校，你得到了一份理想的工作，你发表了一篇高水平的论文，如果没有朋友来分享这份幸福，那幸福的感受会是如何呢？当痛苦降临的时候，比如你被人误解，你遭到冷遇，你失去亲人，你走投无路，你哭诉无门，如果没有朋友来分担这份痛苦，那痛苦的感受又会如何呢？在所有这样的时刻，也许每个人都会心里发出这样的呼唤：朋友！

翻开《唐诗三百首》，扑入眼帘的，感人至深的，便尽是抒发友情的诗篇。

李白乘舟将欲行，忽闻岸上踏歌声。桃花潭水深千尺，不及汪伦送我情！

在这明白如话的诗句中，表达了深挚的友情，以至千古传唱，并把"桃花潭水"作为抒写别情的常用语。

凉风起天末，君子意如何？鸿雁几时到，江湖秋水多。文章憎命达，魑魅喜人过。应共冤魂语，投诗赠汨罗。

杜甫的这首因秋风感兴而怀念李白的诗篇，低回婉转，沉郁深微，充满着对友人的殷切的思念、细微的关注和发自心灵深处的感情。

少时犹不忧生计，老后谁能惜酒钱？共把十千沽一斗，相看七十欠三年。闲征雅令穷经史，醉听清吟胜管弦。更待菊黄家酝熟，共君一醉一陶然。

白居易赠刘禹锡的这首诗，言简意富，语淡情深，明写沽酒时的豪爽和闲饮时的欢乐，却包含着政治上共遭冷遇的挚友，闲愁难遣的心境和凄凉沉痛的感情。

山光忽西落，池月渐东上。散发乘夕凉，开轩卧闲敞。荷风送香气，竹露滴清响。欲取鸣琴弹，恨无知音赏。感此怀故人，中宵劳梦想。

夏夜水亭，散发乘凉，耳闻滴水，鼻嗅花香，岂非人间快事？然而，"欲取鸣琴弹，恨无知音赏"！孟浩然的这首诗，也许正是表达了友情才是生活的深切感受。

城阙辅三秦，风烟望五津。与君离别意，同是宦游人。海内存知己，天涯若比邻。无为在歧路，儿女共沾巾。

王勃的这首送别诗，以"丈夫志四海，万里犹比邻"（曹植诗句）的气概，歌颂了友情的力量，赞美了友情的深远。朋友,即使是远隔千山万水,即使是各在天涯海角,友情却是分不开、隔不断的。友情使生命获得了力量,友情使生活富有了诗意。

人们珍惜友情,赞美友情,是因为人最看重的是人间的冷暖,人与人之间的关系就在于这"冷暖"二字。有人说,赠物于人,并不能使人心暖;赠一份真情于人,才使生活变得温暖。"推心置腹的交谈,忘情的一次郊游,互相推荐几本可读的书,帮他出一个能摆脱困境的主意……这一切都像你赠他一片白云一样,会永远地飘荡在他的天空里,使他欣喜,使他兴奋,使他的生命充满活力。在朋友生命的天空里,飘荡着我赠予的这样的白云;在我生命的天空里,也飘荡无数这友情的白云。不想让白云化雨,不想让白云蔽日,更不想让白云产生什么奇迹,只想经常看几眼白云,让自己明白世上还有友情存在。赠朋友白云般的纯洁,白云般的透明,白云般的人生理想与向往,他才会生活得如白云般洒脱与自由。"失去了友情,生活会变冷;获得了友情,生活会变暖。温暖的生活才是美的。

最激动人心的真情,大概就是爱情。人们把爱情比喻为火，显示出燃烧的瑰丽；人们把爱情又比喻为水，显示出柔情的魅力；人们把爱情还比喻为花，显示出诱人的芳香；人们也把爱情比喻为诗，显示出难以言说的美丽。也许，一切美好的事物，一切美好的词句，都可以用来比喻爱情，赞美爱情，但又总是说不完、道不尽这令人痴迷、使人陶醉的爱情。

不要去说那些柔情似水的诗人，也不要去说那些凄凄切切的词家，就是以"豪放"著称的陆放翁、苏东坡，不是也为人们写下了爱情的千古绝唱吗？

红酥手，黄縢酒。满城春色宫墙柳。东风恶，欢情薄，一怀愁绪，几年离索。错，错，错！

春如旧，人空瘦。泪痕红浥鲛绡透。桃花落，闲池阁。山盟虽在，锦书难托。莫，莫，莫！

这首《钗头凤》词，感情深沉浓烈，风格凄艳哀婉，以"错，错，错"述说巨大的婚姻不幸，以"莫，莫，莫"表达无可奈何的悲痛绝望之情，真是感天地而泣鬼神。爱之深，情之切，实在是爱情的千古绝唱。

爱情贵在真切，也贵在永恒。如果"不求天长地久，只求曾经拥有"，那"曾经拥有"的不只是"过眼烟云"吗？读一读苏轼的《江城子》，我们不仅会感受到爱情的美丽，更能体会到爱情的力量。

> 十年生死两茫茫。不思量，自难忘。千里孤坟，无处话凄凉。纵使相逢应不识，尘满面，鬓如霜。
>
> 夜来幽梦忽还乡。小轩窗，正梳妆。相顾无言，惟有泪千行。料得年年肠断处：明月夜，短松冈。

这首词，写梦前对亡妻的思念，写梦中与爱妻相会的情景，写梦醒后独处的悲凉。整首词饱含沉挚深厚的情感，抒发哀切缠绵的思恋，使人感受到天地间的真情实意，体会到夫妻间的永恒爱情。

也许有人会说，这里讲的都是古代的事，谈的都是古人的情。现代人还要这种"天长地久"之情吗？

毫不夸张地说，现代是一个被情歌包围的时代。大街小巷唱的是情歌，荒山野岭唱的是情歌，大学校园里唱的是情歌，连幼儿园里的孩子唱的也是情歌。满世界泛滥的情歌，总该让人感受到"情"、体验到"情"、生活在"情"之中吧？然而，许多人所感受到的、体验到的，却恰恰是姜育恒在《一如往昔》中所唱的"我没有你，有泪、有酒、有我自己。"

"情歌"，似乎是失去了"情"，而只剩下了"歌"。没有"情"的情歌，即使唱得哭哭啼啼，即使唱得喊破嗓子，又当如何呢？

也许，满世界泛滥着情歌，正是因为人们难以得到真情，难以感受和体验到真情。匮乏才有需要。

有论者说，流行音乐是社会的晴雨表。满世界泛滥的爱情歌曲，同样在无意中泄露了这个时代的秘密。"当没有什么可以坚持时，坚持的态度本身也成了一种崇高。现代人那光裸殆尽的精神在寻求遮蔽和安慰时，往往选择爱情作为坚持的代用品，几无例外。"

由此，这位论者向我们具体地阐发了情歌泛滥的秘密。"当社会走向平稳、走向城市、走向经济，城市人在理想失落的基础上，又日渐沉重地背上了匆忙、疏远、物化。一个事实也许没有引起我们足够的重视：在长长的一生中，人即使未必有信仰的需要，却不能缺少抒情的需要。他需要一件贴身的抒情媒介，在脆弱时抵挡人生的寂寞无依。这媒介前几千年是书画、戏和宗教，这一百年更多的是影视、是歌，这是一种更快速、更便捷、更随时的抒情，除了技术的进步，这里面与生产方式、生活方式有某种对应。"

这位论者还说，"为每一个人抒情，这是情歌的另一层妙用，以此来化解越来越深的冷漠和异化"。"虽然唱着平平淡淡才是真，但现在人多想再被什么痴狂玩一把呵。在爱情的神话和自欺中，他们找到了。辉煌灿烂却透着悲哀。"①

"爱情"变成了信仰和理解的"代用品"，情歌可以在脆弱时抵挡人生的寂寞无依，可以化解越来越深的冷漠、疏远和异化。

然而，在情歌的灿烂辉煌的背后，人们怎么能不感受

————————————

① 李皖：《满街都是寂寞的朋友吗？》，《读书》1994 年第 7 期。

到凄苦悲凉？无情的情歌，是对真情的呼唤，也是对真情的亵渎；是对真情的渴求，也是对真情的自欺。

亲情、友情、爱情，都是真情，不是虚情。虚情只能"抵挡"人生的寂寞无依，却不能"消解"人生的这种感受。唯有真情，才能化解人生的寂寞，才能带来人生的真实。

现代人，需要真实的情感。

美的发现，需要真实的情感。

3. 昔日的回眸与未来的憧憬

亲情、友情和爱情，都是生命的真实体验。

这些体验到的真情之美，不仅仅是因为亲人、友人和恋人的存在，而且是因为我们真诚地把亲人当作亲人，把友人当作友人，把恋人当作恋人；真诚地沉浸于亲人的亲情之中，友人的友情之中，恋人的爱情之中，品味这些真情，涵养这些真情，升华这些真情。

胡适有一首诗，题为《一笑》：

十几年前，

一个人对我笑了一笑。

我当时不懂得什么，

只觉得他笑的很好。

那个人后来不知怎样了，

只是他那一笑还在：

我不但忘不了它，

还觉得它越久越可爱。

我借它做了许多情诗，

我替他想出种种境地：

有的人读了伤心，

有的人读了欢喜。

欢喜也罢，伤心也罢。

其实只是那一笑。

我也许不会再见着那笑的人，

但我很感谢他笑的真好。

似乎没有必要去"考证"令胡适先生难以忘怀的这"一笑"，究竟是亲人的一笑，友人的一笑，恋人的一笑，抑或只不过是路人的一笑；似乎也没有必要去"考证"胡适先生由这"一笑"而作出的"许多情诗"，究竟是甜甜蜜蜜的，悲悲切切的，还是平平淡淡的；只是这"一笑"的令人终生难忘，这"一笑"的让人驰骋联想与想象，这"一笑"的让人"感谢他笑的真好"，就使人感受到了真情之美。

真情，是情感的积淀，也是情感的升华。昔日的回眸，无论是母亲慈爱的目光还是父亲的粗糙的手，无论是恋人的相依相偎还是夫妻的相濡以沫，无论是童年伙伴的嬉戏玩耍还是青年朋友的推心置腹，无论是老师的音容笑貌还是邻居的亲切友善，都会让人沉浸在温馨的真情之中。在这样的时刻，我们会感到生活是美好的。我们品味这样的真情，就涵养了我们的性情，就升华了我们的情感，就使我们的心灵感受到了人间的真善美。

现代人的生活是急促的，匆忙的，现代人的心态也往往是紧张的，焦躁的。人们似乎已无暇去做昔日的回眸，似乎也无暇去品味心灵的感受。有人甚至断言，回忆只是老年人和传统人的无可奈何的嗜好和精神的自我抚慰，青年人和现代人是一往无前地斩断与过去的联系。这样的断言似乎是忘记了，人们"一往无前"地争取的，并不仅仅是物欲的满足，而是寻求和实现生活的意义。生活的意义离不开情感的积淀与升华，生活的历程离不开昔日回眸中的真情实意。

昔日的回眸，不是沉湎于已逝的过去，而是沉浸在活跃的情感体验之中。普希金说，过去了的一切，都会成为亲切的怀恋。这怀恋，是对积淀在人的精神生命之中的情感体验的激活，也是对积淀在人的情感世界之中的万千感受的升华。

有一位外国人写过题为《回忆中的家》的短文。文章说，分别25年后的同学聚会在原来生活过的教室，其中的一位同学讲述了年轻时的一件事，并希望这件事能说明这些往日的同学都曾感受过的特殊心情。这位同学在10岁的时候，非常想要一辆自行车，可家里却穷得捉襟见肘。有一天，他兴高采烈地跑回家中，对父母说，摸彩的头奖是一辆自行车，而一张彩票只要20芬尼。当头奖第二次开奖的时候，他的奖号真的获得了头奖——他得到了自己所渴望的自行车。父亲死后很久，母亲才告诉他真情。原来，父亲头一天晚上借了150马克，按商店价格买下了这部自行车。父亲对摸奖处的人说："明天我带一个小男孩来，请您让他的第二张彩票中奖。他得比我更好地学会相信他的运气。"

这就是父母对子女的深情。在昔日的回眸中，我们所感受到的，又何止是这种真挚的深情呢？我们感受到的，是对真情之美的激动，是对真情之美的依恋，是对真情之美的渴望。它净化了我们的心灵，升华了我们的情感。急促、紧张的现代生活在昔日的回眸中得到了情感的滋润；焦躁、烦闷的现代人的心态在昔日的回眸中得到了真挚情感的抚慰。它使生活获得了值得追求的意义，它使生活显现出美的光芒。昔日的回眸，属于世世代代的每一个人。

人诗意地居住在大地上，居住在大地上的每一个人都有诗的情怀。当亲情、友情和爱情涌上心头，滋润心田的时候，谁都有诗一样的美丽的情感。诗，并不仅仅属于诗人。

昔日的回眸，激荡起温暖的情怀，也激发起对未来的憧憬。未来，不只是某种尚未到来的状态。未来，是心灵的渴望，是心灵的期待。昔日的回眸，为未来勾画了美的图景，为未来点染了温暖的色彩。

黯淡了昔日的回眸，就是黯淡了美的图景，黯淡了美的色彩。失去情感期待的未来，失去美感憧憬的未来，就失去了亲切感人的图景和激荡心灵的色彩。未来的憧憬与昔日的回眸，是水乳交融的。

让我们来欣赏一首《切莫说什么情竭力已衰》：

切莫说什么情竭力已衰，

竖琴无用弃置于高台。

可以没有诗人，但却永远有诗存在。

只要波涛能继续迎着阳光

　欢跃澎湃，

只要红日能继续为行云

　披霞挂彩，

只要草馥花香，鸟语虫鸣仍然

任风卷带，

只要人间尚有春的踪迹可寻，

　　就有诗存在！

只要科学还没有把生命之源

　　全部勘采，

只要海底或天空还有一个奥秘

　　未被揭开，

只要人类在行进途中还不能

　　预知未来

只要人们还有一个不解之谜，

　　就有诗存在！

只要眼睛还能把注视自己的目光

　　折射出来，

只要嘴唇还能对别人的哀声叹息

　　相应启开，

只要两颗心还能够通过亲吻

　　融合相爱，

　　只要还有一个漂亮女人活在世上，

　　就有诗存在！

　　我们观赏过阳光下波涛的欢跃澎湃，行云的披霞挂彩，我们生活的大地上草馥花香，鸟语虫鸣；科学的逻辑永远也替代不了情感的体验，海洋和天空总是沐浴着人类情感的光彩；昔日的回眸中有真挚的亲情、友情和爱情，也有对人类的深切的爱。人诗意地居住在大地上，人类的精神家园就永远有诗的存在！

心灵的震荡：崇高之美

如果你在自己的心中找不到美，那么，你就没有地方可以发现美的踪迹。

宗白华

1. 有限的存在与瞬间的永恒

有限与无限，瞬间与永恒，这似乎只是两对时空概念，只是属于自然观的范畴。

在有限与无限、瞬间与永恒的矛盾中，似乎只能是无限囊括着有限，永恒容涵着瞬间。

有限之于无限，是不可企及的；瞬间之于永恒，是微不足道的。这在对有限与无限、瞬间与永恒的一般理解中，几乎是不言而喻的。

然而，这种理解的后果，却是极为可悲的。这是因为，有限与无限、瞬间与永恒这两种概念，并不仅仅属于自然观的范畴，而且具有极为深刻的人生观内涵。人对生命意义的理解，人对生活价值的感受，人对自己的终极关怀，是同有限与无限、瞬间与永恒这两对概念密不可分的。

人的生命是有限的存在。人能够意识到自己生命存在的有限。面对"死亡"这个最严峻的、不可逃避的却又是人所自觉到的归宿，生命的意义与价值在有限与无限、瞬间与永恒的矛盾中凸显出来。

时间的无始无终，把有限的生命反衬得几乎是无法形容其短暂；空间的无边无际，把有限的生命反衬得几乎是无法形容其渺小。即使是使用"匆匆过客""沧海一粟"这样的说法，也不足以表明生命的短暂与渺小。

有限的生命对无限的宇宙来说是如此地短暂与渺小，无论生命放射出怎样耀眼的光芒，无论生命创建出怎样"惊天动地"的伟业，无论生命具有怎样"感天地而泣鬼神"的美感，对于无限的、永恒的"天地"来说，人的生命的存在不也是微不足道的吗？生命又有什么"意义"与"价值"可言？这就是以有限与无限、瞬间与永恒的通常理解来观照人生的可悲后果。

人能够创造人生的意义与价值，是因为人总是不断地超越对有限与无限、瞬间与永恒的这种纯粹"自然"的理解。面对自然生命的来去匆匆，人总是力图以某种追求去超越个体生命的短暂与有限，从而激起一代又一代人对人的存在的思考：人应当怎样生活才能使短暂的生命具有最大的意义和最高的价值？生命的永恒是在于族类的世代繁衍、声名的万古流芳还是灵魂在天国的安宁？生命的意义是满足自己的需要、发挥自己的潜能、展示自己的才华还是把个体生命的"小我"融汇于人类的"大我"之中？人的生命面对着死亡，人又力图以生命的某种创造与追求去超越死亡，生与死的撞击燃烧起熊熊的生命之火，使生命的瞬间具有了永恒的美感。

美是生命的创造，美是生命创造的每一瞬间。在生与死、有限与无限、瞬间与永恒的深沉思索中，便创造出了永恒的美。

我们先来欣赏曹操的一首诗：

神龟虽寿，犹有竟时。腾蛇乘雾，终为土灰。老骥伏枥，志在千里。烈士暮年，壮心不

已。盈缩之期，不但在天。养颐之福，可得

永年。

这首历来传诵的"神龟虽寿"，表达了作者面对生命
的有限却壮心不已的积极进取的精神，当然是值得称颂
的。然而，这种积极进取的精神，主要是来自作者的政
治上的雄心壮志的支撑。他可以用"山不厌高，海不厌
深，周公吐哺，天人归心"来表达包揽英才，横扫六合，
一统天下的政治抱负，但却无法超脱"譬如朝露，去日
苦多"地对生命有限的感伤与无奈。

我们再来欣赏陈子昂的《登幽州台歌》：

　　前不见古人，后不见来者，念天地之悠悠，

独怆然而涕下！

这短短的四句诗，既俯仰古今写时间之无限，又环顾
天地写空间之永恒，使人既感受到茫茫宇宙，地久天长
的至大之美，又使人体验到立于其间，万千感慨的悲壮
之美。然而，面对那无可企及的无限与永恒，思索这不

见古人与来者的有限与瞬间，怎能不让人沉浸于孤单寂寞悲凉苦闷的迷惘与困惑之中，又怎能不让人悲从中来，"怆然而涕下"！这使人更深地沉浸于生命对有限的无奈。

我们再来欣赏一段苏轼的《前赤壁赋》：

客有吹洞箫者，倚歌而和之。其声呜呜然，如怨如慕，如泣如诉，余音袅袅，不绝如缕。舞幽壑之潜蛟，泣孤舟之嫠妇。苏子愀然，正襟危坐，而问客曰："何为其然也？"客曰："'月明星稀，乌鹊南飞'，此非曹孟德之诗乎？西望夏口，东望武昌，山川相缪，郁乎苍苍，此非孟德之困于周郎者乎？方其破荆州、下江陵、顺流而东也。舳舻千里，旌旗蔽空，酾酒临江，横槊赋诗，固一世之雄也，而今安在哉？况吾与子渔樵于江渚之上，侣鱼虾而友麋鹿，驾一叶之扁舟，举匏樽以相属。寄蜉蝣于天地，渺沧海之一粟。哀吾生之须臾，羡长江之无穷。挟飞仙以遨游，抱明月而长终。知不可乎骤得，托遗响于悲风。"

苏子曰："客亦知夫水与月乎？逝者如斯，而未尝往也；盈虚者如彼，而卒莫消长也。盖将自其变者而观之，则天地曾不能以一瞬；自其不变者而观之，则物与我皆无尽也，而又何羡乎？且夫天地之间，物各有主，苟非吾之所有，虽一毫而莫取。惟江上之清风，与山间之明月，耳得之而为声，目遇之而成色，取之无禁，用之不竭，是造物者之无尽藏也，而吾与子之所共适。"客喜而笑。

这段文字，先写"客"对人生有限之万千感慨，后写"苏子"对有限人生之独到见解，实在是关于人生之有限与无限、瞬间与永恒的不可多得的千古奇文。

泛舟长江，夜游赤壁，"诵明月之诗，歌窈窕之章"，"纵一苇之所如，凌万顷之茫然"，实乃人生一大快事。然而，游赤壁则不能不怀古，怀古则不能不想到横槊赋诗的曹孟德和火烧赤壁的周公瑾，想到曹孟德和周公瑾则不能不感慨于"一世之雄"，"而今安在"，想到浪花淘尽千古英雄便不能不感叹于"寄蜉蝣于天地，渺沧海之一粟"，"哀吾生之须臾，羡长江之无穷"。于是，有限对无限的无奈，瞬间对永恒的向往，便跃然纸上，使人沉浸于无以名状的悲凉之中。

苏轼的人生妙论，则不仅令人耳目一新，而且让人思之不尽。如果只是"自其变者而观之"，万事万物皆处于瞬息万变之中，无物长在，无物长住，"天地曾不能以一瞬"，又何况人生呢？然而，"自其不变者而观之"，世代繁衍，物质不灭，"物与我皆无尽也"。退而论之，虽然人生有限，但是人生的瞬间却能够浴清风，赏明月，"耳得之而为声，目遇之而成色"，取之不尽，用之不竭，又何必"哀吾生之须臾，羡长江之无穷"呢？这种洒脱通达的人生态度，塑造了一种瞬间的永恒之美，一种有限的崇高之美。

在谈论有限与无限的关系时，黑格尔说，把无限视为有限的叠加，把无限看成对有限的包容，就是把无限当成一种在有限事物彼岸的东西，因此是表述了一种"恶的无限性"，而绝不是真正的无限性。为了揭露这种"恶的无限性"，这位以思辨著称的哲人还十分罕见地在他的论述中引证了一首诗：

我们积累起庞大的数字，

一山又一山，一万又一万，

世界之上，我堆起世界，

时间之上，我加上时间，

当我从可怕的高峰，

仰望着你，——以眩晕的眼：

所有数的乘方，

再乘以万千遍，

距你的一部分还是很远。

我摆脱它们的纠缠，

你就整个儿呈现在我面前。①

以有限去叠加无限，用有限去追逐无限，或者以无限去嘲弄有限，用无限去亵渎有限，有限只能是渺小得跟崇高沾不上边儿，有限只能是短暂得无声无息地消逝在永恒的对岸。有限失去了一切意义，意义只属于不可名状、不可企及的无限的、永恒的彼岸。

---

① 参见黑格尔：《小逻辑》，商务印书馆 1980 年版，第 229—230 页。

因此黑格尔说，有限才是真正的无限，有限的自我展开就是无限。黑格尔的这个思想，并不仅仅具有"自然观""世界观"或"宇宙观"的意义，而是更为直接地具有"价值观""生活观"和"人生观"的意义，具有如何观照和体验人生的"美学观"的意义。

如果人生放弃了瞬间与有限，而只是苦思冥想永恒无限、长生不死、天堂彼岸，人又如何活得崇高？人又怎样获得美感？而"摆脱它们的纠缠"，就会有瞬间的永恒、生活的崇高和人生的美感，真善美就会"整个儿呈现在我面前"。

因此黑格尔又说："每个人都是一个整体，本身就是一个世界，每个人都是一个完满的有生气的人，而不是某种孤立的性格特征的寓言式的抽象品。"① 人用自己的心灵去感受这个世界，体验这个世界，升华这个世界，心灵就会时时感受和体验到生命的瞬间的永恒，就会使人自己崇高起来，就会创造出人的心灵与人的存在的崇高之美。正因如此，黑格尔告诉我们："只有心灵才是真实的，只有心灵才涵盖一切，所以一切美只有在涉及这

---

① 黑格尔：《美学》第 1 卷，商务印书馆 1996 年版，第 303 页。

较高境界而且由这较高境界产生出来时，才真正是美的。"①

这里的"唯心"，不是说"心"制造了世界，而是说"心"涵盖了世界，照亮了世界，从而也"创造"了属于人的美的世界。

2. 只是"遥远的绝响"？

心灵似乎永远需要美来滋润。商品大潮中悄然兴起的散文热，把美的渴求展现给现代的人生。

于是，人们发现了具有"大灵魂、大气派、大内蕴、大境界"的当代中国的散文大家余秋雨。

有人用"历史的泼墨""生命的写意"和"沧桑之美"来概括余秋雨的散文，认为从《文化苦旅》到《山居笔记》，蕴含了作者"太多太多的对人生况味的执意品尝"；有无可逃遁的苦涩；有渊源于人情冷暖、世态炎凉的人生起落；有人生的伤感、寂寞和肃杀；有人生的壮丽和美、坚毅和报偿。这是"历史化了的人生"，是"人

---

① 黑格尔：《美学》第 1 卷，商务印书馆 1996 年版，第 5 页。

生化了的历史"，是"自然、历史、人生"的"三相交融"，是由这种交融所构成的独特的美学风范——沧桑之美。①

这种蕴含着缠绵、凄怆与悲壮的"沧桑之美"，它的深层底蕴，是作者对那种曾经有过的"独特的人生风范"和"自觉的文化人格"的品味、追思和激赏，也是作者对这种远逝了的"人生风范"和"文化人格"的感慨、咏叹和怅惘。

这就是作者的《遥远的绝响》。

作者展现给我们的，是"另外一个心灵世界和人格天地"，是"即使仅仅仰望一下，也会对比出我们所习惯的一切的平庸"的"心灵世界和人格天地"。

作者写的是魏晋时期的阮籍和嵇康。

作者自问："为什么这个时代、这批人物、这些绝响，老是让我们割舍不下？"也许，我们只有照录作者的自答，方能使读者欣赏到文章本身的"沧桑之美"，也方能使读者体悟到作者的"万千感慨"。

---

① 参见田崇雪：《大中华的散文气派》，《新华文摘》1995 年第 3 期。

　　我想，这些在生命的边界线上艰难跋涉的人物似乎为整部中国文化史作了某种悲剧性的人格奠基。他们追慕宁静而浑身焦灼，他们力求圆通而处处分裂，他们以昂贵的生命代价，第一次标志出一种自觉的文化人格。在他们的血统系列上，未必有直接的传代者，但中国的审美文化从他们的精神酷刑中开始屹然自立。在嵇康、阮籍去世之后的百年间，大书法家王羲之、大画家顾恺之、大诗人陶渊明相继出现，二百年后，大文论家刘勰、钟嵘也相继诞生，如果把视野再拓宽一点，这期间，化学家葛洪、天文学家兼数学家祖冲之、地理学家郦道元等大科学家也一一涌现，这些人，在各自的领域几乎都称得上是开天辟地的巨匠。魏晋名士们的焦灼挣扎，开拓了中国知识分子自在而又自为的一方心灵秘土，文明的成果就是从这方心灵秘土中蓬勃地生长出来的。以后各个门类的千年传代，也都与此有关。但是，当文明的成果逐代繁衍之后，当年精神开拓者们的奇异形象却难以复见。嵇康、阮籍他们在后代眼中越来越显得陌生和乖戾，陌生得像非人，乖戾得像神怪。

有过他们，是中国文化的幸运，失落他们，是中国文化的遗憾。

一切都难于弥补了。

我想，时至今日，我们勉强能对他们说的亲近话只有一句当代熟语：不在乎天长地久，只在乎曾经拥有。

我们曾经拥有！

也许，并不是人人都对我们"曾经拥有"的"嵇康、阮籍们"作如是观；也许，并不是人人都认可"嵇康、阮籍们"只是"曾经拥有"；也许，并不是人人都同意"嵇康、阮籍们"的"有过"与"失落"是中国文化的"幸运"与"遗憾"；也许，甚至于有人否定这种"人生风范"和"文化人格"。

然而，似乎没有人能否认余氏散文使当代中国的散文由"个体灵魂的张扬"走向"整体精神的反思"，也没有人不能在余氏散文中感受到一种"智慧被激活时所产生的审美愉悦"。

更为重要的是，似乎谁也无法否认心灵对美的渴求，谁也无法拒斥"人生的风范"和"遥远的绝响"所引起的心灵的震荡。

于是我们追问：心灵对美的渴求能够只是"遥远的绝响"吗？

3. 美的追求与人格的魅力

震撼心灵的崇高之美，是人的人格力量。

人的人格，是一种尊严，一种骨气，一种操守，一种境界。在"成熟对浅薄媚俗，思考对时髦媚俗，文化品格对世俗哲学媚俗，文化的责任和使命对玩世不恭的街头痞子的'理论'媚俗"，"文化人的总体的文化心态，以令人害羞的媚俗之恣同是非不分善恶不分美丑不分的浑噩世相'倒挂'"①的时候，人的尊严、骨气、操守和境界，便更加辉耀出诱人的熠熠光芒。

这时，我们首先便会想到鲁迅。

---

① 易小强：《众说纷纭话文坛》，转引梁晓声语，见《新华文摘》1995 年第 8 期，第 124 页。

在曾经流行捷克作家米兰·昆德拉小说的岁月里，面对着无所不在的"媚俗"，"反媚俗"成了非常时髦的话语。然而，究竟有多少人能够真的抵御那"下海"的浪潮、"款""腕"的诱惑或"明星"的效应呢？有多少人能够真的坚守住那属于人的"尊严""情操""理想"和"信念"呢？又有多少人把这些只是属于人的尊严、情操、理想和信念当作不屑一顾或肆意嘲弄的存在呢？

于是我们想到了鲁迅，想到了"我以我血荐轩辕"的鲁迅；想到了"横眉冷对千夫指"的鲁迅；想到了"哀其不幸，怒其不争"的鲁迅；想到了"两间余一卒，荷戟独彷徨"的鲁迅；想到了"没有丝毫的奴颜和媚骨"的鲁迅。

于是我们想到了鲁迅的"呐喊"，想到了鲁迅笔下的"看客"；想到了鲁迅展现给我们的"灰色的人生"；我们想到了鲁迅的"匕首和投枪"；想到了《热风》和《坟》；想到了《华盖集》和《而已集》；想到了《三闲集》和《二心集》；想到了《南腔北调集》和《伪自由书》；想到了《准风月谈》和《花边文学》；想到了《且介亭杂文》三集。

想到鲁迅，会使我们感觉到"中国人的脊梁"，会使我们体会到现代教养中必不可少的那份人格的力量。

人格的力量是震撼人心的。它激发人们对理想的追求，对美的向往，它支撑人们对尊严的坚守，对媚俗的超越。

世界与人生，在不同人的眼中，总是呈现出不同的画面，显现出不同的意义。在媚俗者的眼中，人人都是媚俗的。在精神贫乏者眼中，世界也是贫乏的。对于音盲来说，贝多芬并不存在；对于画盲来说，毕加索并不存在；对于科盲来说，爱因斯坦并不存在；对于只读明星轶闻、桃色事件、暴力凶杀的"文盲"来说，孔子与鲁迅、苏格拉底和黑格尔、莎士比亚和托尔斯泰都不存在；对于"戏剧的看客"来说，"英雄"都是戏剧编导者编造的存在；对于失去人格的人来说，人格不过是"不值一文"的存在。

然而，一旦我们想到"人活在不同的世界"，一旦我们真的去看看那个具有人格魅力的真正人的世界，我们能感受不到人格之美和心灵的震撼吗？"伟人的生平昭示我们，我们也能够活得高尚"。美国诗人朗费罗的诗句，总是回响在人生活的世界上。

人格的力量，不是"遥远的绝响"。

思维的撞击：逻辑之美

那些没有受过未知物折磨的人，不知道什么是发现的快乐。

贝尔纳

1. 迎接智力的挑战

美是心灵的震荡，也是思维的撞击。

在心灵的震荡中，我们能感受到崇高之美；在思维的撞击中，我们会体验到逻辑之美。

古希腊神话中有这样一个故事：众神之父宙斯交给美女潘多拉一个精美的盒子，但却不允许她打开。然而，由于无法抑制的好奇心，潘多拉终于还是打开了盒子，结果把疾病、饥荒和仇恨等邪恶的精灵都放了出来，从此折磨着全人类。这个故事的本意，也许是要告诫和压抑人的好奇心和探索精神，但却恰恰表明人的好奇心和探索精神是无法压抑的。

人类具有思维的能力和求知的渴望。宇宙之谜、历史之谜、人生之谜，对于具有思维能力和求知渴望的人类来说，是一种精神上的诱惑和智力上的挑战。面对这种诱惑与挑战，人类以思维的逻辑去揭开笼罩着自然、历史和人生的层层面纱，并以思维的逻辑去展现自然、历史和人生的本质与规律。逻辑之美，是智力探险之美，思维撞击之美，理性创造之美。

人类智力的探险和知识的寻求，像人类的历史一样古老。知识的本质是概括。把有关系的因素从无关系的因素中剥离出来，把本质的属性从繁杂的现象中抽象出来，把外在于人的世界变成思维中的逻辑，这是知识的开始，也是智力的创造。比如，在人类智力所创造的数学中，无论是一个人，还是一只羊，或是一条河，都可以概括为数字"1"，从而可以进行无限复杂的计算；无论是圆形的脸，还是圆形的球，或是圆形的太阳，都可以概括为几何图形"圆"，这是一种多么神奇的逻辑之美！伟大的科学家爱因斯坦甚至这样来赞叹数学所创造的逻辑之美："这个世界可以由乐谱组成，也可以由数学公式组成。"

逻辑之美是人类智力创造的奇迹，它对人类的智力具有巨大的吸引力。回顾自己的科学探索生涯，爱因斯坦真挚地告诉人们："推动我进行科学工作的是一种想了解自然奥秘的抑制不住的渴望，而不是别的感觉。我热爱正义，也力求对改善人类的处境做出贡献，但这并不同于我的科学兴趣。"而在题为《探索的动机》的演讲中，爱因斯坦还曾把从事科学研究的人分为三种：第一种人是为了娱乐，也就是为了精神上的快感，显示自己的智力和才能。他们对科学的爱好，就像运动员喜欢表现自己的技艺一样；第二种人是为了达到纯粹功利的目的，也就是为了使个人的生活得到某种改善。他们对科学的研究，只不过是一种谋生的手段；第三种人则是渴望用最适当的方式画出一个简化的、容易理解的世界图景，揭示宇宙的奥秘，解答各种世界之谜。他们的科学探索，既不是显示自己的智力和才能，也不为了纯粹的功利目的，而是源于一种"抑制不住的渴望"。

正是这种真挚的"抑制不住的渴望"，促使爱因斯坦和许许多多的科学家进行成年累月的观察、废寝忘食的实验、呕心沥血的思考和愈挫愈奋的探索。克鲁鲍特金说："一个人只要一生中体验过一次科学创造的欢乐，就会终生难忘。"英国生物学家华莱士曾为一个小小的发现——捕获到一种新的蝴蝶——而欣喜若狂。他写："我的心狂跳不止，热血冲到头部，有一种要晕厥的感觉，甚至在担心马上要死的时候产生的那种感觉。那天我头痛了一整天，一件大多数人看来不足为怪的事竟使我兴奋到了极点。"詹纳在证明了可以用牛痘接种法使人不受天花感染时，他想到这可以使人类从一种巨大灾难中解脱出来，感到一种巨大的快乐以至于有时沉醉于某种梦幻之中。巴斯德和贝尔纳在评论科学家的这种亢奋状态时说："当你终于确实明白了某件事物时，你所感到的快乐是人类所能感到的一种最大的快乐"；"做出新发现时感到的快乐，肯定是人类心灵所能感受到的最鲜明而真实的感情"。

迎接智力的挑战，也会赢来智力的奖赏——灵感与机遇。

在人类科学技术的发展史上，有许多令后人惊羡不已的千古美谈：阿基米德从溢出浴盆的水而顿悟出浮力原理；牛顿从苹果落地而直觉到万有引力；瓦特从沸水鼓开的壶盖而领悟到蒸汽的作用；门捷列夫在梦境中形成严整的化学元素周期表……

这些关于科学家"灵感爆发"的千古美谈告诉人们：灵感，是在人们未曾预料的情况下所获得的创造性认识成果，是人们在突如其来的瞬间所达到的思想豁然开朗，是人们的精神高度亢奋的不同寻常的心理状态。真的发现与美的体验，在灵感的爆发中实现了常人难以想见的统一。

在一般的思维过程中，思维往往表现出"按部就班""循序渐进""由浅入深""有理有据""推出结论"的特点。与此相反，灵感却具有爆发性、洞见性、暂时性和模糊性的特点。灵感是在人们未曾预料的情况下突然发生的，这就是它的"爆发性"；灵感的爆发使人的思维瞬间达到某种意想不到的境界，这就是它的"洞见性"；灵感的爆发是突然闪现并稍纵即逝的，这就是它的"暂时性"；灵感爆发所获得的思想是未经论证和朦胧含混的，这就是它的"模糊性"。

在灵感爆发时，人的精神状态是不同寻常的；精力高度集中，想象极其活跃，思维特别敏捷，情绪异常激昂。正是在这种最佳的心理状态中，某些奇特的构思涌现了，某些独到的观点形成了，某些新颖的思路闪亮了，某些百思不得其解的问题得到了解决。我国数学家王梓坤曾对灵感爆发做过这样的描述："某人长期攻研一个问题，不舍昼夜，挥之不去，驱之不散，才下眉头，又上心头，他的思想白热化了，处于高度的受激状态，忽然在某一刹那，或由于某一思路的接通，或由于外界的启发，他的思维立即由常态跃到高能态。这时的他已非平日的他，他超越了自己，超越了他的平均智力水平，完成了智力的跃进。在所研究的问题上，他的新思路如泉涌，如雨注，头脑非常敏锐，想象十分活跃，从而使问题迎刃而解了。"灵感，就像是接通电路的开关，它在突然爆发的瞬间导致了科学的发现和技术的发明、艺术的创造和理论的创新。

灵感是对智力探险者的奖赏，而不是主观幻想的产物。理论物理学家米格达尔提出，要获得灵感，需要具备下述条件：把几个未必可能的事情结合起来；一个困难问题的存在；一种深入人的灵魂的激动；一个只有你能解决问题的意识；必要技术的精通；解决类似的较小问题的足够的经验；令人满意的健康状况；绝对没有烦恼。也许，我们可以把这些条件概括为：丰富的联想力，发现问题的敏锐力，求解问题的意志力，解决问题的经验和全身心投入的忘我精神。而把所有这些条件归结为一点，也许可以概括为"撞击思维的美感"。

2. 科学的艺术品

思维撞击的过程是美的，思维撞击的产品——思想、理论、科学——也是美的。

德国哲学家恩斯特·卡西尔曾这样评价科学："在我们现代世界中，再没有第二种力量可以与科学思想的力量相匹敌。它被看成是我们全部人类活动的顶点和极致，被看成是人类历史的最后篇章和人的哲学的最重要主题。""在变动不居的宇宙中，科学思想确立了支撑点，确立了不可动摇的支柱。"他还提出，科学之所以具有如此伟大的力量，是因为它具有一种"首尾一贯的""新的强有力的符号体系""向我们展示了一种清晰而明确的结构法则""把我们的观察资料归属到一个秩序井然的符号系统中去，以便使它们相互间系统连贯起来并能用科学的概念来解释"。

在卡西尔盛赞科学的论述中，我们可以感受到科学的"首尾一贯""秩序井然"的逻辑结构之美，可以感受到"强有力"的科学语言之美，也可以感受到"清晰而明确"的科学描述之美。

科学概念是人类进行智力探险的结晶，是科学思维的尖端工具，是科学对话的高超技术，也是科学发展的"阶梯"和"支撑点"。在科学理论体系中，"概念并不是各种孤立的理解的零星碎片。相反地，它们是彼此联系的，并且联系于一个概念网络，依靠这个概念网络，它们依次得以理解，形成我们可以称之为概念框架或概念结构的东西"。科学正是以其各种不同的概念框架来系统地构筑人类的科学世界图景，并通过这些概念框架来实现科学概念的自我理解和相互理解。我们也正是在科学的概念框架中，感受到人类把握世界的逻辑力量之美，感受到思维把握存在的统一之美，感受到科学概念自我否定与发展的理论创新之美。

在任何一种比较成熟的科学概念框架中，我们都会发现，它总是从最为精练的初始概念和初始条件出发，以严密的逻辑手段推演出一系列的定理、定律、公式、方程，形成具有普遍性和预测性的结论，为思维理解、描述、刻画和解释世界提供强有力的逻辑。

让我们想一想最为熟悉的欧几里得几何学吧。它的初始概念只有"点""直线""平面""在……之上""在……之间""叠合"就够了，而它的整个理论从 10 条公设和 10 条公理出发，却用严谨的演绎方法推演出一个缜密的几何学体系。无怪乎后世的科学家们常常沉迷于欧几里得《几何原本》的逻辑美之中，并把它作为科学逻辑体系的样板而予以效仿。

人们都熟知哥白尼的"日心说"，但是，我们却很少把这个学说同"美"联系在一起。而哥白尼在他的《天体运行论》中，却开宗明义地道出了他对美的追求："在哺育人的天赋才智的多种多样的科学和艺术中，我认为首先应该用全副精力来研究那些与最美的事物有关的东西。"哥白尼的"日心说"就是要揭示宇宙天体的妙不可言的秩序之美："太阳在万物的中心统驭着，在这座最美的神庙里，另外还有什么更好的地点能安置这个发光体，使它能一下子照亮整个宇宙呢？……事实上，太阳是坐在宝座上率领着它周围的星体家族……地球由于太阳而受孕，并通过太阳每年怀胎、结果，我们就是在这种布局里发现世界有一种美妙的和谐，和运行轨道与轨道大小之间的一种经常的和谐关系，而这是无法用别的方式发现的。"

让我们再来听听科学家们是如何盛赞爱因斯坦的广义相对论的。法国物理学家德布罗意认为，广义相对论对万有引力现象"这种解释的雅致和美丽是不可争辩的。它该作为 20 世纪数学物理学的一个最优美的纪念碑而永垂不朽"。德国物理学家玻恩这样写道："广义相对论在我面前像一个被人远远观赏的伟大艺术品。"这些赞誉告诉人们，"支配科学家的动机，从一开始就体现为审美的冲动"，"科学达不到艺术的程度就是科学不完备的程度"。

科学是对真的探索，也是对美的追求。因此，科学理论的逻辑之美，并不仅仅体现在自然科学理论之中，它也同样表现在社会科学理论之中。在谈到人们对《资本论》的评论时，马克思说，不管这部著作存在这样或那样的毛病，但它作为一个"完整的艺术品"，却是可以引为自豪的。

确实，凡是读过《资本论》的人，有谁能不深深地折服于这部巨著"由抽象上升到具体"的逻辑呢？有谁能不被这个逻辑引发思维的撞击并产生强烈的逻辑美感呢？列宁说，马克思为人类留下了一部"大写的逻辑"，这就是《资本论》。

在这里，对于这部"大写的逻辑"，我们仅就它的"由抽象上升到具体"的叙述方式，来欣赏它作为一件"完整的艺术品"所具有的撞击人的理论思维的逻辑之美。马克思说，思维的运动遵循着相互联系的两条道路，"在第一条道路上，完整的表象蒸发为抽象的规定；在第二条道路上，抽象的规定在思维行程中导致具体的再现"。第一条道路的任务是从纷繁复杂、光怪陆离、混沌模糊的现象中抽象出简单明确、层次清晰的抽象规定，把握住复杂事物的种种基本关系；第二条道路的任务则是把这些抽象规定重组为思维的整体，造成概念发展的逻辑体系，把研究对象的整体在思维规定的"多样性统一"与"许多规定的综合"中再现出来。正是得心应手地驾驭这个思维的逻辑，马克思首先是把资本主义作为"混沌的表象"予以科学地"蒸发"，抽象出它的各个侧面、各个层次的"规定性"；然后又以高屋建瓴的系统思想，从全部规定性中找出最基本、最简单的规定性——包含资本主义全部矛盾"胚芽"的"商品"——将其凝结为科学范畴，确定为整个理论体系的逻辑起点；之后，再展开"商品"所蕴含的全部矛盾，循序而进，层层递进，使概念的规定性越来越丰富、越来越具体，直至达到资本主义"在思维具体中的再现"。这就是人们所看到的《资本论》的一、二、三卷：资本的直接生产过程；资本的流通过程；资本生产的总过程，即资本的生产过程与流通过程的统一。

结构主义大师索绪尔的《普通语言学教程》，之所以对后世产生巨大而深远的影响，不仅在于它是现代语言学的奠基之作，也不仅在于它是结构主义理论与方法的典范之作，而且在于它具有撞击人的理论思维的强烈的逻辑之美。在这部著作中，我们同样可以看到"由抽象到具体"的成对范畴的自我展开：语言与言语；共时性与历时性；结构性与事件性；静态性与动态性；潜在性与现实性；能指与所指；聚类与组合；约定性与任意性……科学理论的简单性与和谐性，科学理论的结构美与描述美，在这部语言学著作中都得到了充分的展现。

苏霍金说，"真正的科学家和真正的诗人是用同一种材料塑造出来的"；"在这个作为创造能力特殊表现的科学和艺术领域内，人与客观现实一起建造起另一种现实，这就是由一些艺术形象构成或由一系列概念表示的世界"。他还以莎士比亚的诗句来呼唤"让真理与美相伴"：

给美的事物

戴上宝贵的真理桂冠，

她就会变得

百倍的美好。

3. 思维的"健美操"

著名科学家爱因斯坦讲过这样一段话："科学家的目的是要得到关于自然界的一个逻辑上前后一贯的摹写。

逻辑之对于他，有如比例和透视规律之对于画家一样。"

我国数学家陈景润关于哥德巴赫猜想的研究，曾激发许许多多青年朋友摘取数学王冠的理想。这个著名的哥德巴赫猜想，就是运用"不完全归纳推理"提出来的。二百多年前，德国数学家哥德巴赫根据奇数 $77 = 53 + 17 + 7$，$461 = 449 + 7 + 5 = 257 + 199 + 5$ 等例子看出，每次相加的三个数都是素数（质数），于是他提出这个"猜想"：所有大于 5 的奇数都可以分解为三个素数之和。正是这个诱人的"猜想"撞击着一代代数学家的理论思维，去寻求理论彻底性的逻辑之美。

任何一门科学，都是系统化的概念逻辑体系。对概念的逻辑分析，是真正的掌握科学理论的基础，也是锻炼和培养理论思维能力的过程。比如，政治经济学告诉我们，"商品是用来交换和出卖的劳动产品"，"货币是固定地充当一般等价物的特别商品"，"资本是能够带来剩余价值的价值"……对这些概念及其定义进行逻辑分析，我们首先就会发现，这些概念都是通过"属加种差"的方式来定义的。"商品"并不是一般的"劳动产品"，而是专指"用来交换和出卖"的劳动产品；"货币"并不是一般的"商品",而是专指"固定充当一般等价物"的特殊商品;"资本"也不是一般的"价值",而是特指"能够带来剩余价值"的价值。这样,我们就不仅比较容易、比较迅速、比较准确、比较牢靠地记住了这些概念的定义,而且从这些概念的相互联系中理解了它们的深刻含义,从而懂得政治经济学是研究物与物的关系中所蕴含的人与人的关系。这样的逻辑分析,会使我们感受到思维的魅力。

辨析概念,这是进行理论研究的基本功。特别是对人们习以为常的概念进行辨析,会使人得到耳目一新的认识。我国的一位青年学者对"目的"与"目标""伦理"与"道德"的辨析,不仅是使人们对这些"熟知"的概念获得了某些"真知",而且由此构成了颇具新意的伦理学理论。

人们经常是在同等意义上使用"目的"和"目标"这两个概念。这位青年学者则提出,生活中最主要的不幸就是误以为生活"目的"是某种"结局",这种态度离间了"生活"与"生活目的",生活"目的"成了遥远的"目标",生活也就似乎总是没有开始。生活目的是与生活一起显现的东西，它不是遥远的目标而是与生活最接近的存在方向性，但又是永远无法完成的追求。可以说，生活目的不是某种结局而是生活本身那种具有无限容纳力的意义。生活是一种自身具有目的性的存在方式，这种目的性就是生活本身的意义。①

在对生活的"目的"与"目标"的辨析中，我们获得了对生活"目的"的新的理解。首先，生活的"目标"总是一种通过各种方式去实现的"结局"，而生活的"目的"则是生活本身的意义。如果把生活的"目的"当成生活的"目标"，就会"离间"生活与生活目的，使生活变成只是实现某种"结局"的无意义的过程。其次，生活的"目标"作为某种"结局"，总是某种可以实现的东西，生活的"目的"作为生活本身的意义，却是永远无法完成的追求。如果生活"目的"是一种需要完成和能够实现的"结局"，生活的过程还有什么意义？因此，"生活是一种自身具有目的性的存在方式"。

对于"伦理"和"道德"这两个概念，人们更是经常在不加区别的意义上使用它们。这位青年学者则从

---

① 参见赵汀阳：《论可能生活》，三联书店1994年版，第14页。

"为了道德而不是为了伦理"这个命题出发，深入地辨析了这两个概念。他提出，"伦理"表明的是社会规范的性质，"道德"表明的则是生活本意的性质。"伦理"是生活中的策略，"道德"则是人的存在方式的目的性。"伦理"规范作为一些禁令，总是为了保护有意义的生活，因此确立伦理规范只是依照道德要求的技术性处理。"道德"作为存在方式的目的性，则是伦理学的根本性问题。据此，他提出伦理学的主题是道德而不是伦理，而道德主题则引出两大问题，一是关于获得幸福的生活方式，另一个是由获得幸福的生活方式去澄清建立伦理规范的要求。①

在对"伦理"与"道德"不加辨析的情况下，往往存在这样的问题：其一，把"道德"当作伦理规范，似乎道德不是生活内在的目的，而是外加于生活的"条条框框"。正因如此，许许多多的所谓"道德读本"，都在罗列"应当这样"，"不应当那样"的各种条文。其二，颠倒了"道德"与"伦理"的关系，似乎"伦理"才是根本的，有了"伦理"才会有"道德"。正因如此，人

---

① 参见赵汀阳：《论可能生活》，三联书店 1994 年版，第 17 页。

们常常重视"他律"而忽视"自律"，强调"规范"而忽视"教养"。

从对上述两对概念的辨析中，我们不仅可以感受到对概念进行分析的逻辑之美，而且可以引发我们对生活的更为深切的思考。这也是我们在这里引用对这两对概念进行逻辑分析的用意之所在。

回归的喜悦：自然之美

见到自然的人在每一个地方都能见到自然；
见不到自然的人到哪里也见不到自然。

歌　德

1. 喧嚣中的孤独

美是和谐，和谐才有美。

人与自我的和谐，便会感受到自我之美，欣赏自我之美。自己的思想，自己的情感，自己的意志，在人与自我的和谐中，都会自然而然地形成美的体验，美的愉悦。

人与社会的和谐，也会感受到社会之美，欣赏社会之美。无论是亲情、友情和爱情，无论是科学、艺术和道德，无论是当官、经商和搞学问，在人与社会的和谐中，都会发现美的存在。

人与自然的和谐，又会感受到自然之美，欣赏自然之美。风花雪月有它的赏心悦目之美，电闪雷鸣有它的激动人心之美，翻江倒海有它的震撼心灵之美。在人与自然的和谐中，美是无所不在的。

罗丹说，美是到处都有的。对于我们的眼睛，不是缺少美，而是缺少发现。

对于罗丹的这句话，我们也许应该提出这样的问题：为什么人们总是"缺少"美的"发现"？是因为我们的"眼睛"缺少发现的能力吗？为什么那些具有艺术"眼光"的大师们也总是感受到丑而不是发现美呢？为什么有那么多讴歌美的诗人却不堪忍受丑的发现而告别世界呢？

我们能够作出的回答是：美是和谐。如果失落了人与自我、人与社会、人与自然的和谐，美便不复存在，人也就无法感受到美，体验到美。

在人与自我的关系中，无论是处于生活中不堪忍受之重的煎熬中，还是处于生命中不能承受之轻的焦虑中，其心灵体验都只能是痛苦不堪，又如何能"发现"美呢？

在人与社会的关系中，无论是人对人的依附关系所造成的自我的失落，还是人对物的依赖关系所造成的自我的异化，无论是蝇营狗苟的自欺欺人，还是钩心斗角的你争我夺，人的"眼睛"所"发现"的都是一幅丑陋的画面，又如何能体验到美呢？

在人与自然的关系中，如果自然只是被改造、被掠夺、被占有的异己的对象，如果自然只是控制人、奴役人、惩罚人的异己的力量，人又如何能从自然中发现美呢？电视剧《篱笆·女人和狗》中有这样一句歌词："一路上的好景色没仔细琢磨，回到家里还照样推碾子拉磨。"这句歌词倒过来，就会说明人与自然的关系：如果回到家里照样推碾子拉磨，又如何能欣赏一路上的好景色呢？

有论者说，"诗的境界"是"自由的境界""自在的境界"，"劳作"不是为了直接"占有"，而是为了"自由地"对待自己的"作品"，这才是"诗意地居住在大地上"。比如，在门前栽种桃树，不仅为了吃桃子，而且也为"观赏"桃花。为"桃花"而"栽种"，"栽种"就具有"自由劳作"的意味，即让桃树"自在"，让桃花"自在"，同时栽种者也"自在"。"我"和"对象"都

"自在"，便是诗的境界，美的境界。①

美是和谐，是人与自我、人与社会、人与自然的和谐；美是"自在"，是人与自我、社会、自然的和谐的"自在"。然而，在现代社会中，人时时感受到的，却恰恰是一种无可奈何的"疏离"：人与自我的疏离，人与社会的疏离，人与自然的疏离。

这种"疏离"，以及人的"疏离"的自我感觉和自我意识，是现代性的"非和谐""非自在"，也是"现代人的焦虑"。因为，人疏离了自我、社会和自然，也就是疏离了存在、疏离了生活、疏离了美。

现代社会的"疏离"，是一种喧嚣中的孤独。

有人说，现代人的寂寞不是凄风苦雨独对孤灯远怀友人故乡的酸楚，而是灯红酒绿、用体温互相慰藉的悲凉；现代人的孤独不在窗外高挂的明月，不在阶前急扣的雨声，而在只有情节没有情怀的连续剧，在拨几个号码就可以解决思念的电话，在人潮汹涌竟然无一人相识的街头。

这段很美但又很苦的文字，道出了现代社会的喧嚣，

---

① 参见叶秀山：《何谓"人诗意地居住在大地上"》，《读书》1995 年第 10 期。

也道出了这种喧嚣中的孤独。

喧嚣中的孤独，是人与自我疏离的孤独。广告、模特、明星、时装、股票、证券、桑拿、发廊、通俗小说、流行歌曲、电视喜剧、有奖销售，为人们制造了铺天盖地的、光怪陆离的、无所不包的生活形象。认同这些形象，追赶这些形象，模仿这些形象，充当这些形象，便是自我的存在，自我的生活。自我被疏离了，自我被淹没了，自我被丢失了。当人感受到这些形象的异在性，也就感受到人与自我的疏离。由此，人就会深深地体验到失落自我与寻求自我的冲撞与痛苦。人与自我的不和谐，便失落了自我之美，失落了对自我之美的感受与体验。

喧嚣中的孤独，也是人与社会疏离的孤独。现代社会的显著特征，是非日常生活的日常化。日常交往的社交化，日常行为的法制化，日常经验的技术化，农村生活的城市化，使每个人的"社会性"取得了现实的丰富性。"单独的个人"是无法在现代社会存在的。然而，在非日常生活的日常化过程中，在人的社会性取得现实的丰富性的过程中，人却感受到了"疏离"与"孤独"。

在把"友情"变成"交情"和"人情"的时候，在把"友情"变成"社交"和"公关"的时候，人就和"友情"疏离了，就感受到了失去"友情"的孤独。在"一把一利索"的"交情"中，人怎么能感受的不是孤独而是美呢？在把"爱情"变成"用体温相互慰藉"的时候，在把"爱情"压缩、简略为"性爱"的时候，甚至把"爱情"变成用金钱换来的"宣泄"的时候，人就和"爱情"疏离了，就体验到了"不谈爱情"的孤独。在"不求天长地久""过一把瘾就死"的"性爱"中，人如何能感受的不是孤独而是美呢？

喧嚣中的孤独，又是人与自然疏离的孤独。疏离自然，就是"对存在的遗忘"。现代科学技术日益迅速地把自然变成人化了的自然，自然越来越失去了它的本真性和神秘性。"古人经由神秘知识，诗人经由想象，哲学家经由他们整体性的理解，都和这最高的真实有所接触。今天是有史以来人类头一回除了他自己和他自己的产品外无以所对。现代人甚至和他内在的自我都失去了接触，科学不再帮助人更深入一层地去寻获世界和自我内心的度向。科学和技术用人自己的构式和发明、计划和目标来阻挡人，以至于现代人只能够从理性的构思和实用性的观点来看自然。今天，一条河在人看来只是推动涡轮机的能源，森林只是生产木材的地方，山脉只是矿藏的地方，动物只是肉类食物的来源。科技时代的人不再和自然做获益匪浅的对话，他只和自己的产品做无意义的独白。"① 这就是人与自然的疏离，就是人与自然之美的疏离。

这种疏离，特别明显地表现在城市生活，特别是现代大都市生活。"在大都市生活的人几乎完全给人自己各式各样的产品和现代生活的紧张包围。都市的生活形态纯粹就是人的发明，并开始按照自己的经验判断一切事物。""大都市的居民和自然界隔得远远的，即使他们决定回到自然去享受自然的'治疗'，都市人的概念仍然控制他们，使他们不能和自然做真实的相遇。许多人想借旅行来逃避都市生活，从他们身上，我们观察到类似的事情。旅行的教育价值不容忽视，旅行可以是一种不断和新的、未可预期的、美丽的世界的对话。但现代旅行经常沦为肤浅的、只求感官上满足的活动。现代的想法

---

① 孙志文：《现代人的焦虑和希望》，三联书店 1994 年版，第 68 页。

是这样的：要尽量在最短的时间，走最长的旅程，看最多的东西，根本没有时间做深入了解或做有意义的反省。人甩脱不掉都市的影响，即使是面对自然的美景、各种的文化成就，人仍然是停留在疏离、无聊、挫折、恐惧之中。"①

现代化，在它的技术扩张和财富增值的过程中，为人的丰富和发展提供了现实的基础。与此同时，现代性的普遍交换原则和技术优先原则，及其所蕴含的功利主义价值态度和工具主义思维方式，却在削平一切价值的过程中，也削平了人自身的价值。物欲的喧嚣遮蔽了美的发现，造成了人的孤独。这或许可以启示我们：现代化，不仅需要实现，而且必须反省。

2. 自在自为的存在

自在，自为，自在自为，这是黑格尔用来描述存在的三个概念。

自在，即自然的存在，天然的存在，无我的存在，浑

---

① 孙志文：《现代人的焦虑和希望》，三联书店 1994 年版，第 68—69 页。

然一体的存在。

自为，则是有我的存在，自觉的存在，人的存在，主客对待的存在。自为是对自在的否定。

自在自为，则是自在与自为的统一即自由的存在。自在自为是对自在的否定之否定。

美是自由的存在，自在自为的存在。

源于自然的人类，作为自然的生活和生命的自然，同其他的生物一样，是自在的存在，自然而然的存在。

超越自然的人类，作为认识和改造世界的主体，与其他所有生物不同，是有我的存在，自觉的存在，主客对待的存在，即自为的存在。

自为是对自在的超越，但不是与自在的分离。人的生活是对自然的生命存在的超越，但不是与自然生命的分离。以自为的方式去实现自在的存在，以生活的方式去实现生命的存在，这就是自在自为的存在。

单纯的"自在"是"无我"的存在，没有审美的主体，也没有审美的对象，这种浑然一体的存在，是"无我"即"无美"的"自在"。

单纯的"自为"是"我"与"非我"互相割裂、主体与客体彼此对立的存在，没有主客的统一，没有物我的和谐，这种抽象对立的存在是没有统一与和谐就没有美的存在。

人的生活，不是单纯的自在，也不是单纯的自为，而是对单纯的自在和单纯的自为的双重否定，是自在自为的存在。

自在自为是主客的统一，物我的和谐，自由的存在。因此，美是自在自为的存在，美是生活。

然而，生活并不就是美。

这是因为，生活中的人，不仅经常生活在人与自我、人与社会、人与自然的"疏离"之中，而且经常处在冯友兰先生所说的"自然境界"即"单纯的自在"或"功利境界"即"单纯的自为"之中。在这样的"疏离"或这样的"境界"之中，人的自我感觉和自我意识，不是主客的统一和物我的和谐，而是主客的分裂和物我的异在。自在自为的自由便不复存在了，美的生活便不复存在了。

美要超越单纯的自在，还要超越单纯的自为，美是对单纯的自在和单纯的自为的双重否定。美是自在自为。

　　林清玄曾借一位"真正懂得化妆"的化妆师之口，向人们讲述了"生命的化妆"。

　　这位化妆师说，化妆的最高境界可以用两个字形容，就是"自然"。由此，她把化妆术分为"最高明的""次级的""拙劣的"和"最坏的"这样四个档次。

　　最高明的化妆术，是经过非常考究的化妆，让人家看起来好像没有化过妆一样，并且这化出来的妆与主人的身份匹配，能自然表现那个人的个性与气质。

　　次级的化妆术是把人突显出来，让她醒目，引起众人的注意。

　　拙劣的化妆是一站出来别人就发现她化了很浓的妆，而这层妆是为了掩盖自己的缺点或年龄的。

　　最坏的一种化妆，是化过妆以后扭曲了自己的个性，又失去了五官的协调，例如小眼睛的人竟化了浓眉，大脸蛋的人竟化了白脸，阔嘴的人竟化了红唇……

　　如果评论一下这位"化妆师"关于化妆术的"理论"，或许可以使我们领悟到美的真谛。

　　最高明的化妆术，它的高明之处是在于，既"自然表现那个人的个性与气质"，又"看起来好像没有化过妆一样"。以化妆术来表现人的个性与气质，这当然是一种"自为"；化过妆之后却又好像没有化过妆，这当然又是"自在"。看来，化妆术的最高境界，就是"自在自为"的境界，因而是美的存在。

次级的化妆术，着眼于"众人的注意"，着力"把人突显出来，让她醒目"，这显然是偏重"自为"。然而，这种"自为"毕竟还是以"自在"为本，总还有些"自在自为"的意蕴，所以还可以说是美的。

拙劣的化妆术，不仅一下子就让人发现"化过很浓的妆"，而且一下子就让人知道这"很浓的妆"是为了"掩盖自己的缺点或年龄"。看来，这种"拙劣的化妆术"是把"自在"与"自为"对立起来了，意在以"自为"去掩盖"自在"，却又既突显了"自为"又暴露了对"自在"的掩盖。于是，美的追求变成了丑的存在。

最坏的化妆，是"扭曲了自己的个性"，又"失去了五官的协调"。这种化妆，不仅是把"自在"与"自为"对立起来，而且是把"自在"和"自为"双重地扭曲了。"自为"扭曲了"自在"，把"自在"的"个性"和"五官"都扭曲了；"自为"也扭曲了自己，把"自为"

变成了扭曲行为。这种"化妆"的结果，除了"丑不堪言"，还哪里有美的存在呢？

其实，人的生活正如这小小的"化妆术"，总是以不同的档次去"化妆"生活，生活便也分为美、次美、丑、最丑的不同档次的存在。

林清玄在借用"化妆师"之口谈论化妆术的美与丑之后，又借用"化妆师"之口去评论"文章"的美与丑。

这位"化妆师"说，拙劣的文章常常是词句的堆砌，扭曲了作者的个性；好一点的文章是光芒四射，吸引了人的视线，但别人知道你是在写文章；最好的文章是作家自然地流露，读的时候不觉得是在读文章，而是在读一个生命。

堆砌词句的文章，是"自在"的遗忘，也是"自为"的匮乏。遗忘了"自在"的真情实感，又缺少"自为"的真正能力，这样的文章当然只能是"拙劣的"。

文章虽然"光芒四射"，但却让人看出是在"写文章"，这样的文章显示了"自为"的力量，却又失去了"自在"的真实，仍然不是自在自为的统一。所以，这是"好一点"的文章，但也仅此而已。

"最好的文章"，不觉得是在"读文章"，而是在"读生命"。这"生命"是"自为"的，但又是"自在"的，是"自然地流露"，是自在自为的和谐统一，因此是美的。

林清玄还借用"化妆师"之口，对"化妆"和"写文章"的"档次"做了这样的总结：三流的化妆是"脸上"的化妆，三流的文章是"文字"的化妆；二流的"化妆"和"文章"都是"精神"的化妆；一流的"化妆"和"文章"则只能是"生命"的化妆。

如果这样的"总结"还显得抽象的话，那么，"化妆师"对"化妆"本身的解释则是具有更为丰富的内涵：化妆只是最末的一个枝节，它能改变的事实很少；深一层的化妆是改变体质，让一个人改变生活方式，睡眠充足，注意运动与营养，从而使皮肤得到改善，保持旺盛的精神；再深一层的化妆是改变气质，多读书，多欣赏艺术，多思考，对生活乐观，对生命有信心，心地善良，关怀别人，自爱而有尊严。

这里的"深一层的"和"再深一层的"化妆，已经不是"化妆术"意义上的化妆，而是对"体质"和"气质"的改变。这两种改变都是"自为"的，因而也可以说是"化妆"；但这两种"化妆"，又都是通过"自为"而实现对"自在"的复归——改善"自在"的"皮肤"和"精神"，体现"自在"的"生命"和"心理"；因此，这种"深层"的"化妆"，就是实现自为与自在的统一。人的自在自为的存在，人的自在自为的生活，才是美的。

一个人未当演员之前，他自然而然地活着，活得很真实，但却谈不上演技之美，因为他还不是演员。初演戏时，总是让人看着是在"演戏"，显得"不真实"。戏演好了，好像又不是在演戏，而像真实的生活了。这种"演戏"之美，不也是"自为"（在演戏）与"自在"（不像在演戏）的统一吗？

同样，一个人未学武功之前，他自然而然地活着，活得很真实，但也谈不上武功之美，因为他还未练武功。初练武功时，也总是让人看着是在"练武功"，显得是在拉"花架子"。武功练到火候，好像又不是"练"武功了。这种"武功"之美，不同样是"自为"（练武功）与"自在"（不像是练武功）的统一吗？

所谓"大智若愚""大巧若拙""返璞归真"，都是"自在自为"之美。无"智"无"巧"当然无"美"；有"智"有"巧"而失去"璞"与"真"，也是无"美"。真实的总是自然的。美是真实的，美就是自然的。

经过"自为"和"自觉"而达到"自在"和"自然"，这不是轻而易举的。齐白石的虾，徐悲鸿的马，看起来都是"自在"的，"自然"的，但却是"炉火纯青"的艺术境界。因此，美是自然的，美就是创造的。

美的发现需要创造。

3. 生命之根

现代文明创造了一个人工的世界。

人工的世界是现代人的生活世界。

耸入云天的高楼大厦是人工的崇山峻岭，呼啸奔驰的车水马龙是人工的湖海江河，纵横交错的交通网络是人工的森林原野，五光十色的灯火霓虹是人工的白日黑夜。

自然变成了遥远的旧梦，自然在现代人的生活世界中隐退了。

自然的隐退，使人感受到一种"分离"，一种"演员与他的布景的分离", 人的生命活动似乎是一场"无底棋盘上的游戏"。

自然的隐退, 又使人感受到一种"缺失", 一种"确定性"的缺失, "根基性"的缺失, 人的生活像闪烁的霓虹一样不断地变幻着颜色。

于是, 现代人在焦虑中形成了强烈的寻根求本的自我意识——寻求生命活动之根和安身立命之本。

那么, 生命之根在哪里? 立命之本在哪里?

老子说: "人法地, 地法天, 天法道, 道法自然。"庄子说: "天不得不高, 地不得不广, 日月不得不行, 万物不得不昌, 此其道与!"于是, 老子向人们展示了"绝圣弃知"的"小国寡民"之美, 庄子向人们讲述了"卧则居居, 起则于于, 民知其母, 不知其父, 与麋鹿共处, 耕而食, 织而衣, 无有相害之心"的"至德之隆", 陶渊明还为人们描绘了一幅"结庐在人境, 而无车马喧"的美好淳朴、自由自在的"桃花源"的图景。

在老庄的思想中, 是人类的文明搅乱了物我并存、各得其性的自然生活, 人的立命之根是原始形态的自然, 人的立命之本是原始人性的自然。由此可见, 老庄的

"回归自然"，是要求向"自在"的自然的回归。如果老庄看到自然隐退的现代文明，真不知该是怎样的深恶痛绝。

然而，无论有多少人向往那种无物我之分、无主客之别的浑然一体的"自在"的自然，人却不可能"再返回森林去和熊一起生活"，人也不可能"渴慕用四只脚走路"。回归自然，不是舍弃文明回到"自在"的自然。向远古荒蛮时代寻找人性的自然，只能是表达人们力图克服人工世界带给人们的"无根感觉"的憧憬，只能是表达人们力图改变"自然的隐退"带给人们的"流浪感"的向往。一句话，向远古荒蛮时代寻找人性的自然，只是人的寻求生命之根和立命之本的表达，而绝不是生命之根和立命之本的现实。

现实的生命之根和立命之本是人的生活。生活的自在自为即自由的生活，才是人的生命之根和立命之本。

人的生命不同于动物的生命，人的生活不同于动物的生存。动物只有生物生命，动物只是按照物种的本能生存。"一只鸽子会饿死在满盛美味的肉食的大盆旁边"，"一只猫会饿死在水果或谷物堆上"。这是因为，动物只有一个尺度，它所属的物种的尺度。动物的生命之根就是它所属的物种的尺度，动物的立命之本就是它生存的"自在"的自然。

人不仅有生物生命，而且有精神生命和社会生命，人是三重生命的矛盾统一体；人不仅生活于自然世界，而且生活于自己创造的文化世界和意义世界，人的世界是三重世界的矛盾统一体。因此，人的生命之根是人的三重生命的和谐，人的立命之本是人的三重世界的统一。美，就是人的三重生命与人的三重世界的统一与和谐。

生命无根和立命无本的自我感觉和自我意识，从根本上说，是人的三重生命和人的三重世界的扭曲与断裂。美的匮乏，则是由于这种扭曲与断裂所造成的统一与和谐的缺失。

人不是脱离自然的存在，人也不是纯粹自然的存在。因此人既不是神也不是兽。把人视为神或把人归为兽，都是对人的生命和人的世界的扭曲和断裂，都会造成生命无根和立命无本的自我感觉和自我意识。

在论述人的时候，恩格斯这样告诉我们："人来源于动物界这一事实已经决定人永远不能完全摆脱兽性，所以问题永远只能在于摆脱得多些或少些，在于兽性或人性的程度上的差异。把人分成截然不同的两类，分成具有人性的人和具有兽性的人，分成善人和恶人，绵羊和山羊，这样的分类，除现实哲学外，只有基督教才知道，基督教一贯地也有自己的世界审判者来实行这种分类。"①

人的自然生命与精神生命，或者说人的"兽性"与"人性"，并不是相互断裂的两种生命、两种特性，而是对立统一的人的生命、人的特性。自然生命与精神生命的相互制约与相互包含、相互肯定与相互否定、相互引发与相互冲撞，构成了生命创造的源泉与动力，也构成了人的生命之根和立命之本。

在人类所创造的神话世界中，常常把人的自然生命与精神生命的冲撞，形象地描绘为某种人面兽身的存在。比如，有一种人面马身的生灵，她用失望的上半身扑向空中，扑向她伸长了的手臂所无法掠获目的物，但她的后脚却用力地蹬在地上，健壮的下半身几乎要插入大地。这或许就是人类生存状态的绝妙写照。他们对回响在精神苍穹的灵魂的召唤发出回应，万分珍重心灵昭

① 《马克思恩格斯选集》第3卷，人民出版社1995年版，第140页。

示的神圣启迪，渴望着灵魂的升腾；然而，他们的物质肉体毕竟又陷于现实之中，不可能与灵魂一道振翼高飞，而灵魂也绝不情愿俯就肉体，与肉体一道沉没在尘埃之中。人类总是不会放弃任何一方，总是处在两者撕裂与扭结之中，无可奈何又回肠荡气的矛盾和冲突、混沌和变形、荒谬和异化、孤独和困惑，演出了一幕又一幕的人生的戏剧。① 这人生的戏剧，是人自己演出的，也是人自己观看的。人在自己的演出与观看中，体验到人生的痛苦，也体验到人生的幸福，从而也体验到人生的壮美。

现代人对生命的寻根，是因为"扑向空中"的"伸长了的手臂"寻找不到"掠获目的物"，也是因为"用力地蹬在地上"的"后脚"感受不到"大地"的坚实。"上不着天，下不着地"，这就是现代人的困惑与焦虑。

于是，现代人寻找"家园"，寻求"在家"的感觉。

"在家"的感觉，是一种自在自为的感觉，也就是自由的感觉，美的感觉。"在家里"，你可以任性，可以任意，可以无拘无束，可以不遮不掩，可以"自在"，可以

---

① 参见孙正荃：《艺术的失落》，学林出版社 1994 年版，第 97 页。

"自为"，"自在"即是"自为"，"自为"也是"自在"。"在家"感受的是自在自为之美。

寻找"家园"，是希望"社会"成为大家的"家园"；寻求"在家"的感觉，是向往"社会"就是"在家"的感觉。如果"人和人像狼一样"，"他人就是地狱"，只能是让人感受到"喧嚣中的孤独"，又如何会有"在家"的那份自在自为的感觉呢？又怎么会有"在家"的那份自在自为之美呢？对生命的寻根，是寻求社会的和谐；对"家园"的向往，是向往生活于美好和谐的社会。离开社会生命，人的生物生命和精神生命，就会成为"上不着天、下不着地"的悬浮之物。

寻求"家园"，又是希望"自然"成为人类的"家园"；寻求"在家"的感觉，又是向往"自然"就是"在家"的感觉。地球是人类生存的家园。人无法忍受"家园"的绿野变成荒漠，无法忍受"家园"的江河变得混浊，无法忍受"家园"的蓝天变得灰暗，无法忍受"家园"的生物濒临灭绝。人不能在满目疮痍的"家园"中生活，人不能在"无底的棋盘上游戏"。

人类超越了自然，又在自身的发展中力图使自己在高级的层次上回归于自然，达到"天人合一"的境界，"自在自为"的境界，人与自我、人与社会、人与自然的和谐之美的境界。这是现代人的"生态意识""全球意识"和"人类意识"，也是现代人的"心态意识""价值意识"和"审美意识"。这种现代人的教养，是人类实现新的自我超越的生命之根和立命之本。

从选择到行动

——编后语

一些长辈们说：当代青少年普遍缺少社会责任感，缺少爱心，缺少奉献精神。个别青少年具有很强的叛逆心理，以自我为中心，全然不顾及他人的感受。攀比心理比较严重，讲名牌、讲派头、讲 cool，不讲学习；谈女友、谈比萨、谈网络，不谈家人……

真的是这样吗？

了解孩子们的人却说：当代青少年关心大事，关心祖国的命运和前途；立志为社会、为中华民族贡献力量。他们在学习和生活上，追求更多的独立和自主。他们希望得到长辈的尊重、信任和理解。他们接收信息多，思想容量大，勤于思考不盲从。他们重视知识，正在完成学业和实现人生价值当中……

哪一方说的对呢？

随着当代中国社会的进步，我们不仅物质生活丰富了，精神空间也随之扩大了。长辈们曾经奉若神明的某些金科玉律，在下一代人身上已经很少见到了。不同的时代，自然会产生不同的行为习惯和不同的价值观。人类的生活形态总是由现在向未来不断变化和发展着的，而青少年的价值观念，天生便具有求新求异、面向未来的鲜明特点，充满了青春的活力和美好的想象。事实上，青少年价值观也直接关系到国家未来的前途和命运、关系到社会主义事业是否后继有人、关系到整个社会的明天。在网络上能看到这样意味深长的"笑话"："世界是老子们的，也是儿子们的，但是总归是孙子们的。"不论人们如何评价当代青少年，他们终究是要担负起民族和国家的重任的，也终究是会站在长辈们的肩膀上，把我们的民族和国家大业发扬光大的。

对于这一点，没有什么人有资格去怀疑，也不应该有所怀疑。

青少年时代，是每一个人人生的春天。青少年时期的健康成长，将极大地影响其以后的人生。因此在这一时期确立正确的价值观，至关重要。那么，价值观是如何形成的呢？

首先是选择。价值观不可能经由强制或压迫而获得，它是一种心甘情愿作出的选择，自由选择使我们成为生活的积极参与者，而不是旁观者。

其次是珍视。在价值观的形成过程中蕴涵着情感，"选择"是自己所非常重视的。为了实现自己的选择，人们乐于付出很大的代价。所谓"砍头不要紧，只要主义真"就是如此，因为这种主义是先烈所珍视的。

再次是行动。只有在行动中才能实现或体验到我们的选择和所珍爱的事物，体会其价值。

价值观的形成过程，是青少年与人、与社会、与现有观念及各种事件交互作用的结果。价值观的形成，主要是靠青少年自己的学习，而不是靠长辈们包办。长辈们应该做一个价值观的倡导者、促进者和催化者，而不应该做"揠苗助长"者。长辈们要鼓励青少年按照自己的兴趣去无拘无束地探索世界，鼓励他们去发现并欣赏自己的独特性；鼓励青少年了解外部世界的同时，也要鼓励他们了解自己；给予青少年公开表达和讨论自己的价值观的机会；鼓励青少年依据自己的选择行动，并协助青少年在生活中一再地重复自己的正确行动。

当然大家也不应忽视，由于各种主客观原因导致了个别青少年身上出现了这样或那样的问题和不尽如人意的现象。但回想长辈们的经历，不也是在同样情况下走过来的吗？只是，长辈们急切地盼望着当代青少年尽快树立起正确的价值观，少一点儿曲折和弯路，多一点儿顺利和健康成长……

如此而已。